# 低品位厚大矿体开采理论与技术

周宗红　著

U0315311

北　京
冶金工业出版社
2013

## 内 容 提 要

本书针对缓倾斜、倾斜~中厚、厚矿体应用分段空场法和分段崩落法存在损失贫化大的问题，提出了低品位厚大矿体采矿理论与技术，主要包括底部放矿散体流动规律，矿山岩体结构调查，工程岩体质量分级，缓倾斜、倾斜~中厚、厚矿体采矿方法选择，低品位厚大矿体采矿方法优选，矿体回采顺序数值模拟研究，采场顶板岩体失稳冒落机理，岩体冒落规律及控制等内容。

本书适合采矿工程专业的工程技术、管理人员以及高等院校采矿工程相关专业的师生阅读和参考。

## 图书在版编目(CIP)数据

低品位厚大矿体开采理论与技术／周宗红著.—北京：
冶金工业出版社，2013.12
ISBN 978-7-5024-6444-8

Ⅰ.①低…　Ⅱ.①周…　Ⅲ.①低品位矿—厚矿体采矿法
Ⅳ.①TD853.25

中国版本图书馆 CIP 数据核字(2013)第 284280 号

出 版 人　谭学余
地　　址　北京北河沿大街嵩祝院北巷 39 号，邮编 100009
电　　话　(010)64027926　电子信箱　yjcbs@ cnmip. com. cn
责任编辑　杨秋奎　美术编辑　彭子赫　版式设计　杨　帆
责任校对　禹　蕊　责任印制　李玉山
ISBN 978-7-5024-6444-8
冶金工业出版社出版发行；各地新华书店经销；北京慧美印刷有限公司印刷
2013 年 12 月第 1 版，2013 年 12 月第 1 次印刷
169mm×239mm；8.25 印张；162 千字；124 页
**33.00 元**
冶金工业出版社投稿电话：(010)64027932　投稿信箱：tougao@cnmip. com. cn
冶金工业出版社发行部　电话：(010)64044283　　传真：(010)64027893
冶金书店　地址:北京东四西大街 46 号(100010)　电话:(010)65289081(兼传真)
(本书如有印装质量问题，本社发行部负责退换)

# 前　言

　　缓倾斜、倾斜～中厚、厚矿体是国内外公认的难采矿体，在国内外金属和非金属矿山占有很大的比重。复杂多变的矿体产状，使该类矿体在地下开采过程中出现一系列技术问题，如采切工程量大、矿石运搬困难、矿石损失贫化大、机械化程度低、安全生产条件差等。我国大多数矿床价值、品位不高，多采用分段空场（矿房）法、分段崩落法等采矿方法，不同程度地解决了矿石的回采问题，但多数仍存在生产能力低、矿石损失贫化大、安全条件差等突出问题。

　　本书结合矿山工程实例，通过现场调查、理论分析、实验室实验和数值分析，在研究散体流动规律和岩体冒落规律的基础上，从缓倾斜、倾斜～中厚、厚矿体采场结构、开采工艺等环节，系统研究了低品位厚大矿体采矿方法、岩体失稳冒落规律，研究开发成本低廉、安全高效的开采方法。基于散体流动规律和矿岩冒落规律，采取强制崩落与诱导冒落相结合，降低落矿成本，提高经济效益；在进一步研究岩体失稳冒落规律的基础上，研究岩体冒落过程及控制方法。

　　本书系统地研究了采场岩体冒落机理，开发了适于缓倾斜、倾斜～中厚、厚及围岩软破矿体的高效采矿方法。根据矿体赋存条件和现场结构面调查结果，进行了岩体结构稳定性评价；结合室内实验结果和计算分析，完成了矿岩质量分级；应用理论分析和数值模拟方法，研究了岩体失稳机理和冒落规律；根据矿体开采技术条件，研究提出了适宜的采矿方法，在理论分析、技术经济分析和综合分析比较的基础上，进一步对采矿方法和工艺参数进行优选。

　　本书结合矿体开采技术条件，进行了现场调查和室内实验，完成了工程地质调查和岩体质量评价。针对矿体赋存条件和保安矿柱的留设，采用三维有限元对矿体进行了多方案回采顺序模拟分析，优选合适的回采顺序。针对几种不同的矿床地质和开采技术条件、生产和安全等对采矿方法的要求，研究提出了分段空场－崩落联合采矿法。

本书结合矿体缓倾斜、倾斜～中厚、厚及围岩软破的开采技术条件，研究提出了无底柱分段崩落法、设柔性假顶的有底柱分段崩落法、设护顶矿层的有底柱分段崩落法、分段空场与崩落组合采矿法、上向水平分层充填采矿法等多个方案。经过技术经济分析比较，提出了适宜的采矿方法。

采用三维有限元软件对分段空场、崩落组合采矿法的顶板岩体变形移动规律、失稳冒落机理进行了模拟分析，据此提出了合理的采场结构参数。在现场调查基础上，研究分析了空区岩体冒落形式，并且采用 FLAC$^{3D}$ 数值软件对分段空场－崩落联合采矿法两步骤回采过程中的地压活动规律进行了分析。

通过改进采场结构和放矿方式，可有效降低缓倾斜、倾斜～中厚、厚矿体应用分段采矿法造成的损失贫化。本书研究提出的分段空场－崩落联合采矿法，具有工艺简单、采矿强度大等突出优点，可有效控制上盘废石的混入，降低矿石贫化，对低品位厚大难采矿体具有较强的适用性。

感谢博士后合作导师侯克鹏教授在研究中给予的指导和帮助，感谢昆明理工大学国土资源工程学院各位领导的关心和帮助，感谢资源开发工程系各位老师的支持和帮助。在本书撰写和相关研究工作中，还得到了东北大学任凤玉教授和李元辉教授、昆明理工大学乔登攀教授、云南瑞科矿业科技开发有限公司杨八九副总经理的指导和帮助，在此表示衷心的感谢！

感谢国家自然科学基金"动态扰动诱发岩爆的机理及预报方法研究（51064012）"和"开挖加卸荷诱发深部巷道岩爆机理研究（51264018）"对本书出版的支持。

由于作者水平及时间所限，书中不足之处恳请广大读者批评指正！

作　者
2013 年 8 月

# 目　　录

# 1 绪 论

## 1.1 研究背景和意义

缓倾斜、倾斜~中厚、厚矿体是国内外公认的难采矿体,在国内外金属和非金属矿山占有很大的比重。例如,桃林铅锌矿的倾斜厚矿体,顶板围岩不稳固,平均厚度18m,平均倾角35°~40°,其特殊的矿体产状,使此类矿体在开采过程中出现一系列技术问题,如采切工程量大、矿石运搬困难、机械化程度低、矿石损失贫化大、安全条件差等。国外的矿体价值、品位相对较高,多采用高成本的充填法开采。而我国大多数矿床价值、品位不高,多采用分段空场法、分段矿房法、分段崩落法等分段采矿方法,虽不同程度地解决了矿石的回采问题,但多存在生产能力低、矿石损失率高、安全条件差等突出问题[1]。

某铅锌矿为一热卤水成矿为主的多成因的层控铅锌矿床,矿体主要赋存于$F_2$断层上、下盘的景星组下段、云龙组上段的岩层中。矿体为产于景星组($K_1j^{1-1}$)细粒石英砂岩中的层状铅锌矿体,总体走向北东、侧向北西,产状上部缓下部陡。矿石品位:Pb 3.75%,Zn 1.07%,矿石以闪锌矿、方铅矿为主。为缓倾斜、倾斜~中厚、厚矿体,平均倾角40°,平均水平厚度约15m。因前期民采,400m以上分布着形状较为复杂的采空区。矿体不稳固~中等稳固,$f=2~8$;上盘岩性为粉砂质泥岩、泥质粉砂岩互层,夹粉砂岩和细砂岩,岩体为层状碎裂结构,为软弱岩层,稳定性差,$f=1~6$;下盘数米至十余米近矿围岩松软破碎,$f=1~8$。矿区构造复杂,断裂较为发育。

矿体和直接顶板为松散岩层,流动性好,易混入,造成矿石贫化大,下盘近矿围岩松软破碎,矿体形态复杂,顶底板起伏变化大,铅锌品位低,为复杂难采矿体,在低品位厚大矿体中很有代表性。此类矿体,采用传统分段空场法和分段崩落法开采时,存在矿石损失贫化大、采场生产能力小、生产效率低、作业安全条件差等突出问题。

为此,结合矿山工程实例,研究岩体失稳冒落规律,降低损失贫化,改善矿山安全生产条件,研究适合矿山开采条件的高效采矿方法。由此开发的高效开采技术,在国内外同类矿山,将有很好的推广应用价值。试验研究的低损失贫化、安全高效开采工艺技术,对提高我国地下低品位厚大矿床开采的安全程度和生产效率,进一步完善分段采矿法,提高技术经济效益,使其成为可适用于缓倾斜、倾斜～中厚、厚矿体的采矿方法都具有十分重要的现实意义。

## 1.2  国内外研究进展

### 1.2.1  岩体失稳机理

地下矿床开采留下了大量形状复杂的采空区，并且大部分矿山未进行空区处理，如云南兰坪铅锌矿、河北西石门铁矿等，当采空区面积、体积达到一定规模时，可能诱发采空区顶板大规模突然冒落和矿震等灾害，造成人员和财产的重大损失。空区岩体冒落失稳不仅破坏地下工程结构，损坏生产设备，而且严重威胁人身安全，是地下工程的一大工程诱发灾害，是生产矿山的重大安全隐患之一。因此，对地下采空区大面积失稳的研究极为重要和迫切。

迄今为止，国内外学者对岩体失稳机理、冒落规律等进行了大量的研究，提出了大量的理论和假说，如强度理论、刚度理论、能量理论、突变理论、耗散结构论等。运用的预测方法有理论分析法和现场实测法，如地震法、声发射法，电磁辐射法等。

对裂纹的失稳扩展研究取得了丰硕的成果，建立了相应的断裂准则[2~9]。邓宗才等[10]提出了最大拉应变断裂准则，其基本思想是当脆性材料中某点的拉应变大于损伤阈值时，材料产生新的微裂纹；赵延林等[11]进行双轴压缩条件下类岩石裂纹的压剪流变断裂实验，采用双扭试件的常位移松弛法对类岩石材料进行亚临界裂纹扩展与断裂韧度试验。谢其泰等[12]选用砂岩作为试验材料，进行不同倾斜角度单裂纹的单轴压缩断裂试验研究，得到了反翼裂纹破坏类型；任利等[13]基于 Mises 屈服准则，充分考虑当前应力状态对于临界极半径的影响，导出了新的复合型裂纹断裂准则。蔡永昌等[14]采用了一种新提出的无网格 MSLS 方法来进行裂纹扩展过程的分析研究。此外，还有应变能密度准则和能量释放率准则等[15]。

岩石的宏观破坏现象是许多微观破裂的综合表现。岩石的断裂和破坏往往是一个渐进的损伤演化过程，伴随着微裂纹的起裂、增长和贯通，进而引起断裂失效。岩石发生破坏主要是与裂纹的产生、扩展及断裂的过程有关。

岩石作为一种非均质的多相复合结构材料，在长期的地质构造运动中，内部形成了大量各种尺度的节理裂隙，且呈随机状态分布。当受到外界作用后，这些内部的微缺陷不断地发生演化，裂纹逐步扩展，在局部形成贯通区。随着外部作用的增大，这些微裂纹发展成宏观裂纹。受力超过承载极限，裂纹迅速向前扩展，最后导致岩石失稳破坏。在分析岩石破坏的机理时，主要采用经典弹塑性力学、损伤力学与断裂力学等理论。然而随着研究的深入，这些理论在岩石力学应用中的困难和不足逐步地显露。比如岩石本身不是理想的弹塑性材料，受力和变形之间并不满足严格的弹塑性关系，为此弹塑性力学很难揭示岩石破坏的真正原因。岩石力学需要发展新的观点、新的理论来研究岩石破坏的机理问题。

显微观测应力诱发的微裂纹对研究岩石试样的增长机制是十分有效的。在岩石力学学科领域中，从细微观方面研究岩石的渐进破坏规律，将细微观裂纹扩展同宏观断裂破坏的力学机制联系起来进行研究，国内外才刚刚起步，而且到目前为止，主要集中在实时观测岩石表面裂纹扩展规律，用分形几何描述裂纹的分布特征或检验微裂纹串接形成断裂的转变过程等方面。

姜耀东等[16]通过一系列细观实验研究，探讨了冲击倾向性煤层煤体内裂纹形成、扩展贯通的演化规律，分析了煤体细观结构特征、内部组分与冲击地压的关系，为深入认识冲击地压发生机制提供细观实验基础。来兴平[17]等通过对大柳塔煤矿煤样单轴受压破坏过程中声发射特征实验与参数统计，分析煤岩受力、变形直至破坏全过程中总事件–时间　能率–时间之间的动态关系进行对比分析，从微观破裂孕育、产生、演化直至宏观失稳的全过程揭示煤岩破裂过程与声发射特征参数之间的内在规律。张后全等[18]从岩石破裂过程的微裂纹分布特征方面进行了研究。刘文岗等[19]对大同忻州窑矿、开滦赵各庄矿具有冲击倾向性煤体试样进行了扫描电镜（SEM）分析及三点弯曲试验，分析了冲击煤的显微组分、细观结构特征，初步解释突出煤体裂纹损伤演化的细观机理。

任奋华等[20]采用相似材料模拟实验对开采引起的覆岩断裂破坏和地表移动规律进行预计与分析。黄炳香等[21]以淮北岱河煤矿 3 煤炮采工作面采空区瓦斯抽放为工程背景，采用相似模拟试验与关键层理论来研究采空区顶板产生裂隙、断裂、冒落和离层情况及其变化规律，特别是关键层的变形破断特征及其对覆岩运动的控制作用，进而分析其对采空区瓦斯抽放的影响。

岩体工程的变形和破坏以裂纹开裂、非连续变形、大位移和破碎为基本特征。对这一问题的数值模拟一直是岩石力学数值计算领域的热点和难点之一[22~27]。自 20 世纪 70 年代以来，针对不同的侧重点，多种数值模型不断出现和发展起来。这些方法按照基本假设可分为两大类：基于连续性和小变形假设的连续类数值方法与基于非连续和大位移假设的非连续类数值方法。较成熟的连续方法包括有限差分方法（FDM）、有限元方法（FEM）、边界元方法（BEM）、无网格伽辽金法（EFGM）等；非连续数值方法应用较广的则有离散单元法（DEM）、非连续变形分析（DDA）方法和数值流形方法（NMM）[2~9,28]。

朱万成等[29]模拟了不同侧压力系数条件下动态扰动触发深部巷道发生失稳破裂的整个过程，并揭示动态扰动触发巷道岩爆的力学机制。陈忠辉等[30]利用 FLAC^{3D} 有限差分软件对大同矿务局忻州窑矿 8911 面综放开采过程中，采场的三维应力分布和顶煤的破裂规律进行了岩石力学数值分析，得到了三维模型的应力、变形及单元破坏数值分析结果。方恩权等[31]基于断裂力学机制，运用 FLAC

的显式有限差分数值模拟技术，对单轴压缩荷载下三种不同边界形状，即直边、凸形、凹形情况下含近边界预置斜裂纹的岩石模型进行了数值模拟研究。黄明利等[32]通过数值手段对预制裂纹的非均匀岩石单轴加载条件下的裂纹扩展模式进行了研究，结果表明：非均质越差，材料的破坏峰值强度越低；裂纹扩展模式受岩石均质度制约，当岩石的均质度较低时，裂纹扩展表面粗糙，且呈现断断续续方式扩展，并且在扩展中出现跳跃方式，与均质岩体有本质区别；均质岩体 AE 分布集于裂纹尖端，而非均质岩体裂纹呈弥散分布，并最终逐渐集中而形成裂纹。叶加冕等[33]通过采用三维有限元数值模拟计算方法，对塘子凹采场的 3 种结构参数和 3 种开采顺序等五种方案，进行了不同开采时期的优化分析和比较，分析计算了各种模拟方案的应力及位移变化规律，得到了采场的最佳结构参数。周科平等[34]运用三维有限差分程序 FLAC[3D]对回采过程中的地压演化规律进行模拟研究，得出各采场应力场和位移场的分布和变化规律，优化采矿工程结构参数和回采顺序，提出切实可行的地压控制措施。

## 1.2.2　岩体冒落规律

地下矿床开采必然形成采空区，而采空区的形成，使周边一定范围的岩体应力重新分布，导致岩石变形、移动和破坏，成为生产的安全隐患。

围岩系统失稳是局部围岩渐进破坏过程的损伤演化最终诱致突变的结果。任凤玉等[35]提出了基于重力场控制的拱形冒落规律。王新民等[36]系统全面地研究分析地质构造弱面、应力集中、能量释放、关键块体和地下水造成采场顶板冒落机理。高谦等[37]提出了大跨度采场围岩突变失稳的两种形式：构造控制型失稳和能量控制型失稳。

西石门铁矿中区存在一大型采空区，理论分析和计算机模拟结果表明[38]，当逐步扩大岩石顶板的暴露面积，顶板中央产生较大的拉应力，而岩石的抗拉强度较低，引起岩体破坏。因此，岩石冒落随空区的扩大不断地冒落，发生一次性冒落的可能性较小。根据该矿南区采空区矿岩的点荷载强度测定和结构面调查结果，结合空区顶板岩性、空区状态及采矿实践，分析空区顶板冒落过程，主要包括：初始冒落、间断冒落、地表冒落和扩展下移四个阶段；顶板最可能的冒落形式包括以散体形式零星冒落和批量冒落两种。

王永清等[39]通过地质钻孔，采用电路连通判断法，对程潮铁矿采场顶板的崩落过程进行了监测。高峰等[40]采用数字式全景钻孔摄像系统对顶板诱导崩落预裂钻孔进行了探测，研究采动影响与人工爆破强制诱导耦合作用下顶板岩体内节理、裂隙等不连续结构面的发育与矿岩破裂失稳崩落的关系。

## 1.2.3　崩落法放矿理论

崩落采矿法在国内外金属矿山应用广泛，典型的崩落法包括有底柱分段崩落法、无底柱分段崩落法、阶段崩落法。我国黑色金属矿山地下采矿中用崩落法采出的矿量高达85%以上，在有色金属矿山用崩落法采出矿石总量的比重逐年在增长，几乎达到40%左右。国际上使用崩落法开采的矿山个数约占25%。

崩落法采矿的特点是崩落矿石和覆盖层废石直接接触，矿石是在覆盖层废石的包围下从放矿口放出，因而回采矿石的贫化及损失较大，并且若采场结构参数不合理或放矿管理制度不当，将恶化放矿结果，造成矿产资源的浪费和企业经济效益下降。矿石损失贫化都是经济损失，既浪费了国家的宝贵资源、降低了矿山经济效益、缩短了矿山服务年限，又增加了生产成本。

国内外采矿工作者对覆岩下矿岩移动规律已有较深入的研究。崩落法放矿理论进入使用阶段的有椭球体放矿理论、随机介质放矿理论和随机模拟放矿（计算机仿真）[41]。目前放矿理论研究均将散体抽象为连续介质，将散体的运动速度视为颗粒所处位置的连续坐标，建立相应模型，从宏观意义上研究崩落矿岩散体移动规律[42]。

### 1.2.3.1　椭球体放矿理论

椭球体放矿理论是根据实验室实验得出放出体为一近似椭球，以椭球方程为放出体的数学模型，并根据放出体基本性质求出一系列的表述各种规律性现象的方程式。

1952年，苏联学者 Г. М. 马拉霍夫出版了《崩落矿块的放矿》，形成了椭球体放矿理论，同时对崩落法放矿管理和选择有底柱崩落法合理结构参数等做了很多的研究工作。20世纪70～80年代，国内一些单位和学者对放矿理论进行了深入的研究，进一步完善了椭球体（类椭球体）放矿理论[41]，代表性的有东北大学刘兴国教授和西安建筑科技大学李荣福教授。椭球体理论建立最早，应用较广，其采用的研究方法为实验分析方法，简单实用，对指导放矿研究与生产发挥了很大的作用。对于无限边界条件和半无限边界，建立了完整的理论体系，但它对于倾斜壁边界条件下散体的移动规律难以处理。另外，该理论的放出体不灵活（恒为椭球体或椭球缺），实际中因散体流动性质与放出条件的差异，放出体形态呈多样性。

### 1.2.3.2　随机介质放矿理论

将散体简化为连续流动的随机介质，运用概率论方法研究散体移动过程而形成的理论体系，称为随机介质放矿理论。以概率论为工具研究散体移动过程的方法始于20世纪60年代。波兰 Jerzy Litwiniszyn 教授认为，松散介质运动过程是随机过程，并给出了随机介质模型。他把散体视为随机移动的连续介质，建立了移动漏斗深度函数 $W$ 的微分方程式[43]

$$\frac{\partial W(z,x)}{\partial z} = \frac{\partial a}{\partial z} \times W(z,x) - B(z) \left[ \frac{\partial^2 W(z,x)}{\partial x_1^2} + \frac{\partial^2 W(z,x)}{\partial x_2^2} \right] \qquad (1-1)$$

式中 $\dfrac{\partial a}{\partial z}$——下移过程中的散体体积增量；

$x_1$, $x_2$——相正交的两个水平方向。

1962 年，我国东北大学王泳嘉教授给出了放矿平面问题的理论方程，认为崩落矿石移动中最本质的现象是运动的随机性[44]。1972 年，苏联 B. B. КУЛИОВ 将平面问题扩展为空间问题。这些以及随后较为系统的研究，可归结为同一运动微分方程

$$\frac{\partial P(u,v,\acute{w})}{\partial w} = B\Big[\frac{\partial^2 P(u,v,w)}{\partial u^2} + \frac{\partial^2 P(u,v,w)}{\partial v^2}\Big] \qquad (1-2)$$

式中    $u$, $v$, $w$——分别为沿 $x$、$y$、$z$ 轴方向的变换坐标；

    $B$——常数；

$P(u,v,w)$——散体移动概率密度函数。

由式（1-2）得出的放出体形态为上部细小、下部粗大，最宽部位所在高度偏于下部。这与国内许多由常规实验测出的放出体形态明显不符。放出体形态与实际相差较大的原因是，散体移动概率场与实际出入较大。早期的随机介质放矿理论由于得不到常规实验的普遍证实，未得到广泛接受，因而基本上没有得到实际应用。

东北大学任凤玉教授[45]将随机介质方法与散体流动的实际物理过程相结合，依据实验对各种边界条件的散体运动过程建立了系统的理论方程，引入两个反映散体流动特性的参数，使放出体形态与实际相符更好，完善和发展了该理论体系，使该理论在实际应用方面向前跨进了一大步。并用上述反映崩落矿岩移动规律的方程改进了放矿随机仿真方法，能较准确地预测各种采场结构和放矿制度下的矿石回收率和贫化率，优选采场结构参数和放矿方式。大量的科研和生产实践证明随机介质放矿理论具有较好的可靠性和可操作性。

任凤玉教授认为出现放出体形态差异的主要原因是：以往随机介质放矿理论仅注重颗粒移动的随机性，而忽略了颗粒移动中必然受到的移动场的宏观制约。也就是说，放出体形态与实际差异较大的原因是：所建立的随机介质模型没有深入到散体移动的实质，给出的散体移动场与实际出入较大。因此，改善放出体形态并使之与实际相符的根本途径，是提高散体移动概率场的逼真度。所建模型应能充分反映散体移动的实际，同时给出的移动概率方程应能充分反映散体流动的实际物理过程。因此，采用新的散体移动模型（图 1-1）考虑实际散体概率场分布的不均匀性，通过对实验数据回归得到了方差的表达式，运用理论分析与放矿实验相结合的方法建立了空间问题的散体移动概率密度方程。

$$P(x,y,z) = \frac{1}{\pi\beta z^{\alpha}}\exp\Big(-\frac{x^2+y^2}{\beta z^{\alpha}}\Big) \qquad (1-3)$$

式中 $\alpha$, $\beta$——与散体的流动性质和放出条件有关的常数。

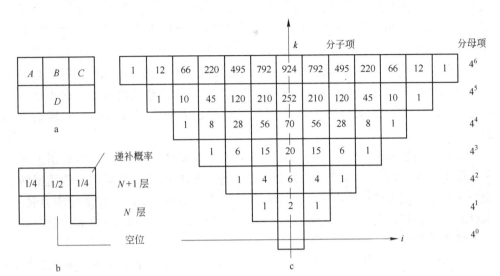

图 1-1 理想散体移动模型
a—散体移动区域；b—理想散体移动模型；c—理想散体移动概率分布

式（1-3）移动概率密度方程是建立随机介质放矿理论的基础方程，以此为基础推导建立了反映放矿现象的移动速度场、颗粒移动迹线方程、放出漏斗方程、放出体方程以及颗粒移动方程，形成了新体系。同时给出了复杂边界条件下（半无限边界条件及倾斜边界条件）的上述方程，并进行了放矿口对散体移动规律影响的研究。式（1-3）引用了散体流动参数 $\alpha$、$\beta$ 来调整放出体的粗细和形态。

由式（1-3）给出的放出体方程

$$r^2 = (\alpha+1)\beta z^{\alpha}\ln\frac{H}{z} \qquad (1-4)$$

通过合理确定 $\alpha$、$\beta$ 值，可与各种形态的实际（实验）放出体达到良好拟合。

该理论体系的特点是参数容易确定，对各种条件下的放矿过程具有较高的逼真度，且适用范围较广。该理论给出的放出体形态与众多研究者的实验室物理模拟实验结果符合良好，解决问题有一定的理论依据和深度，并在实际中得到了广泛的应用。

## 1.2.4 缓倾斜、倾斜~中厚、厚矿体采矿方法

对于缓倾斜、倾斜~中厚、厚矿体，目前主要采用的采矿方法有：阶段矿房

法，如连云港新浦磷矿[46]；无底柱分段崩落法，如后和睦山铁矿[47]；有底柱分段崩落法，如松树脚锡矿[48]、胡家峪铜矿[49]；部分自然崩落采矿法[50]；分段空场采矿法，如狮子山铜矿大团山矿段深部倾斜厚大矿体[51]；适于倾斜中厚矿体的爆力运搬分（阶）段空场法，如青城子铅矿、胡家峪铜矿、龙烟铁矿[52]以及陕西银矿[53]；阶段强制崩落法[54]；上向分层充填采矿法，如凡口铅锌矿盘区机械化水平高分层上向凿岩充填采矿法[55]，尹格庄金矿盘区机械化上向水平分层充填采矿法[56]，康家湾矿水体下开采试验应用上向水平分层胶结充填采矿法[57]等。

分段空场法用于矿岩中等稳固以上的倾斜中厚矿体[58]。崩落法主要用于开采价值不高的矿体[59]。用充填采矿法开采中厚、厚矿体的主要采用水砂及尾砂胶结充填。充填法矿石回收率高，对赋存条件及稳固性多变的矿体适用能力强，木材消耗少，充填法的不足是采场生产能力比其他方法低，开采成本高，且回采工艺复杂[60~62]。

从对国内外矿山缓倾斜、倾斜~中厚、厚矿体开采较广泛使用的 3 种采矿方法的适用条件来看，对于矿岩均稳固的矿体可以采用分段空场法或阶段矿房法；对于矿石价值、品位高的矿体可以采用胶结和尾砂胶结充填采矿法；而对于矿石价值、品位不高上盘围岩不稳固的矿体，可以采用有底柱分段、阶段崩落法；而对于上下盘围岩均不稳固、低品位倾斜厚矿体，国内一些矿山采用无底柱分段崩落法。

## 1.3  主要研究内容

### 1.3.1  低品位厚大矿体采用分段采矿法面临的主要问题

顶底均不稳固缓倾斜、倾斜~中厚、厚低品位矿体采用分段空场法和分段崩落法等分段采矿法，由于散体移动空间受限，采场矿石运搬困难，损失贫化大，顶板不稳固、安全条件差，需要研究解决以下难题：

（1）岩体失稳和冒落发生机理、冒落过程及其控制方法等研究得不够深入。尽管国内外学者在空区顶板岩体失稳发生机理和冒落规律、监测手段及控制等方面的研究取得了重要进展，由于其本身极为复杂，到目前为止，远没有从根本上解决其有效预测和防治问题。目前，对采空区围岩失稳的研究主要集中在假说、推理和宏观认识阶段，微、细观方面的研究较少。

（2）地压活动规律研究不够。由于采场地压极其复杂，在采场地压活动演化规律、地压预测和动态控制等方面需进一步深入研究。由于矿山岩体工程地质条件的复杂性和原岩应力场的多变性，还远没有掌握各类不同矿山开采技术条件下的地压活动规律；对地压控制来说，还不能掌握主动权。因此，应进一步深入研究和掌握地压活动规律，采取有效措施控制和利用地压活动，防止地压事故发生。

（3）采矿方法难以适应。现有采场结构和工艺技术难以有效解决复杂难采矿体存在的矿石损失贫化大、安全条件差等突出问题，急需研究开发适宜的高效采矿方法。

### 1.3.2  研究的内容和方法

从以上关于分段采矿法的综述中可以看出，尽管在降低损失贫化和地压控制方面取得了突破，仍无法解决地下金属矿床缓倾斜、倾斜～中厚、厚矿体，一般铅直厚度小、散体移动空间条件差，矿岩松软破碎，矿体形态复杂，安全条件差，损失贫化大等问题。因此，必须进一步研究散体流动规律、地压活动规律和岩体冒落规律，改进分段采矿法的结构参数和工艺技术，研究开发适应低品位厚大矿体的低贫损高效开采技术。

根据分段采矿法研究现状和厚大矿体开发高效采矿方法的需求，本书以降低低品位厚大矿体应用分段采矿法的损失贫化为主线，在研究岩体冒落规律的基础上，进一步改进分段采矿法的采场结构与工艺技术，研究开发高效采矿方法。

本书以低品位厚大铅锌矿体为工程背景，针对缓倾斜、倾斜～中厚、厚、上盘为松散层、下盘近矿围岩破碎、品位低等复杂难采矿体条件，从研究散体流动规律、岩体冒落规律和地压活动规律等入手，改进分段采矿法工艺技术和采场结构。

本书研究的目的探求矿床地质因素、开采扰动对空区岩体失稳的影响，研究解决空区稳定性和冒落过程控制的理论方法。研究开发围岩软破、缓倾斜、倾斜～中厚、厚矿体低贫损高效地下采矿方法，优化采场结构参数和开采工艺技术。综合利用理论分析、数值模拟和现场监测等方法，对具体实例进行失稳机理及冒落控制。具体研究内容包括：

（1）低品位缓倾斜、倾斜～中厚、厚矿体采矿方法研究。针对矿床地质条件和开采技术条件，生产和安全等对采矿方法的要求，研究提出适宜的采矿方法。

（2）空区岩体失稳诱发因素及其影响规律。

（3）空区顶板岩体冒落机理研究。

（4）冒落过程、形式及控制方法研究。

（5）采场结构和工艺参数优化。

本书在研究散体流动规律和岩体冒落规律的基础上，从缓倾斜、倾斜～中厚、厚矿体采场结构、开采工艺等环节，寻求一种成本低廉、安全高效的开采方法，为低品位中厚～厚矿体的低贫损、高效开采等提供新思路、新方法。

　　围岩不稳固低品位中厚和厚矿体，采用分段空场法和分段崩落法开采时，存在安全条件差、损失贫化大、生产效率低等突出问题。本书研究成果将为进一步改进低品位中厚~厚矿体开采方法，优化采场结构、放矿工艺，实现"低损失、低贫化、低事故隐患、低生产成本、高生产能力和经济效益"的开采目标，由此开发的低贫损开采新技术具有良好的推广应用前景。

# 2 底部放矿散体移动规律

矿石崩落后成为松散介质，堆于采场。打开漏口闸门后，采场内崩落的矿岩借重力向漏口下移，并从漏口流出。放矿口设在崩落矿岩的底部，如有底柱分段崩落法、有底柱阶段崩落法，称为底部放矿。

这类边界条件散体移动过程如图 2 – 1 所示。当从漏口放出 $Q_f$ 散体时，$Q_f$ 放出体原来占据的空间位置由其上方和其附近的散体借重力作用下移递补。在采场崩落矿岩堆体中原来占有空间位置构成的形体称为放出体（$Q_f$），在矿岩堆体中产生移动的部分称为松动体（$Q_s$）。在移动范围内各水平层呈漏斗状凹下，称之为放出漏斗，设放出体高度为 $H_f$，大于 $H_f$ 的水平层上的放出漏斗称为移动漏斗（$Q_{L_1}$）；等于 $H_f$ 的水平层上放出漏斗称为降落漏斗（$Q_{L_2}$）；小于 $H_f$ 的水平层上放出漏斗称为破裂漏斗（$Q_{L_3}$）。移动范围内颗粒移动轨迹称为移动迹线（$J$）。

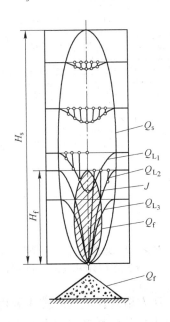

图 2 – 1　散体移动过程示意图

散体在下移过程中颗粒移动速度随位置而变化，在每一水平剖面上，离漏口轴线越近的颗粒下降越快，离轴线越远的颗粒下降越慢，因此原来位于同一层面上的颗粒，在下移过程中由于下降速度不等而形成漏斗状凹坑，此凹坑称为放出漏斗。

将散体简化为连续流动的随机介质，运用概率论方法研究散体移动过程而形成的理论体系，称为随机介质放矿理论。

东北大学任凤玉教授将随机介质方法与散体流动的实际物理过程相结合，依据实验对各种边界条件的散体运动过程建立了系统的理论方程，引入两个反映散体流动特性的参数，使放出体形态与实际相符更好，完善和发展了该理论体系，使该理论在实际应用方面向前跨进了一大步[45]。

## 2.1　散体移动概率

忽略移动中瞬时松散的影响，将崩落矿岩散体简化为连续流动的随机介质[45]。

为便于考虑移动场的制约条件，用直角坐标系将散体堆划分成网格，在任一固定空间区域内，散体的移动概率分布如图 2-2 所示。

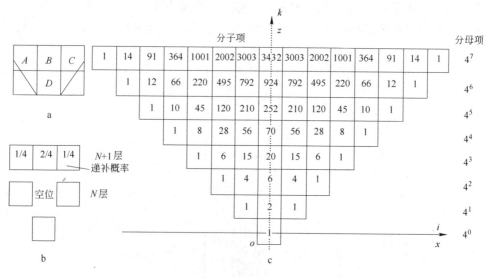

图 2-2　理想散体移动模型

a—散体移动区域；b—理想散体移动模型；c—理想散体移动概率分布

设从 $D$ 方格放出散体，$D$ 方格内形成的孔隙主要由其上方格 $A$、$B$、$C$ 的散体填补，其中 $B$ 方格进入 $D$ 方格的位移方向与重力方向一致；按形心计算，从 $A$ 或 $C$ 进入 $D$ 方格的位移方向与重力方向夹角 45°。

设重力引起 $B$ 方格散体的平均填补速度为 $v_B$，平均移动距离为 1 个长度单位；粗略估算，$A$、$C$ 方格的平均填补速度 $v_A = v_C = v_B \cos 45°$，平均移动距离为 $\sqrt{2}$

个长度单位，填补所需时间：

$$t_A = t_C = \frac{\sqrt{2}}{v_A} = \frac{\sqrt{2}}{v_B} = 2t_B \qquad (2-1)$$

就是说，在同一时间内理想条件下，由 $B$ 方格流入 $D$ 方格的散体量是由 $A$ 或 $C$ 方格流入量的两倍。

用数学归纳法可求得图 2-2c 中方格任一 $(i, k)$ 方格内散体移动概率为

$$P(i,k) = \left(\frac{1}{4}\right)^k C_{2k}^{|i|+k} \qquad (2-2)$$

式中 $i$, $k$——方格形心坐标值。

当 $2k$ 足够大时，该式趋于正态分布

$$P(x,y) \approx \frac{1}{\sqrt{\pi k}} \exp\left(-\frac{I^2}{k}\right) \qquad (2-3)$$

设方格尺寸足够小，把由方格分割的介质视为连续介质，此时换成直角坐标系（令 $x=i$, $y=k$），由式（2-3）得理想散体移动概率密度方程

$$P(x,y) = \frac{1}{\pi z} \exp\left(-\frac{x^2}{z}\right) \qquad (2-4)$$

考虑实际矿岩散体，合理调整上式的方差值。由测定方差值随层面高度关系变化的物理模拟实验得出，散体放出时空位横向扩散方差值可取为以下形式

$$\sigma^2 = \frac{1}{2}\beta z^\alpha \qquad (2-5)$$

式中 $\sigma$——均方差；

$\alpha$, $\beta$——与散体的流动性质和放出条件有关的常数。

将式（2-5）代入式（2-3），得实际散体移动概率密度方程

$$P(x,z) = \frac{1}{\sqrt{\pi \beta z^\alpha}} \exp\left(-\frac{x^2}{\beta z^\alpha}\right) \qquad (2-6)$$

根据散体移动条件的对称性，由式（2-6）可直接给出空间问题的移动概率密度式

$$P(x,y,z) = \frac{1}{\pi \beta z^\alpha} \exp\left(-\frac{x^2+y^2}{\beta z^\alpha}\right) \qquad (2-7)$$

该式表示 $(x, y, z)$ 空间点移动概率密度的大小，并不表示该点移动概率值的大小。

移动概率密度方程是建立随机介质放矿理论的基础方程，该方程对散体移动实际状态的逼近程度，决定着理论体系的逼真度。据此推导建立了反映放矿现象的移动速度场、颗粒移动迹线、放出漏斗方程、放出体和颗粒移动方程等，形成了新的理论体系。

## 2.2　散体移动规律

### 2.2.1　移动带与移动速度场

　　设经过某一时刻从放矿口放出散体量 $Q_f$，$Q_f$ 原来在采场中占据的空间位置，将由其附近散体下移递补，这样由近及远地引起散体向放出口移动。随着移动的范围不断扩大，填补 $Q_f$ 散体所需的散体位移量不断减小；同时移动瞬间物料产生二次松散，当由二次松散增大的体积量与放出量 $Q_f$ 相等时，移动暂时停止。这种在散体堆里发生移动与仍然保持静止之界面构成的形体就是通常所说的松动体。

　　松动体是放矿的瞬态现象，放矿时随着放出量的增多松动体不断扩大；停止放矿后随着时间的推移和受各种机械扰动的影响，松动体边界仍不断扩大，最终松动范围形成移动带（图 2 - 3）。当移动带内散体密度大体上恢复到固有密度时，散体移动（沉实）最终停止，达到稳定状态[45]。

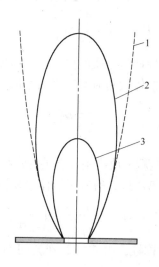

图 2 - 3　移动带形成过程
1—移动界限；2—瞬时松散体；3—放出体

　　取 $3\sigma$ 作为移动带宽度，由式（2 - 5）得移动带边界计算式

$$R = 3\sigma = 3\sqrt{\frac{1}{2}\beta z^\alpha} \qquad (2-8)$$

铅直移动速度方程

$$v_z = -qP(r,z) = -\frac{q}{\pi\beta z^\alpha}\exp\left(-\frac{r^2}{\beta z^\alpha}\right) \qquad (2-9)$$

散体移动速度方程

$$v_z = -\frac{q}{\pi\beta z^\alpha}\exp\left(-\frac{r^2}{\beta z^\alpha}\right)$$
$$v_r = -\frac{\alpha q r}{2\pi\beta z^{\alpha+1}}\exp\left(-\frac{r^2}{\beta z^\alpha}\right) \tag{2-10}$$

### 2.2.2　等速体与颗粒移动迹线

放矿理论中将铅直速度等值面构成的形体称为等速体。速度场的空间分布形式，决定了颗粒的移动迹线（轨迹曲线）。由物理学可知，在颗粒移动迹线上，任意一点 $(r, \theta, z)$ 的切线，与颗粒在该点的移动速度方向共线，故有 $dz/dr = v_z/v_r$。代入式（2-10）得颗粒移动迹线方程

$$\frac{r^2}{z^\alpha} = \text{const.} \quad \text{或} \frac{r^2}{z^\alpha} = \frac{r_0^2}{z_0^\alpha} \tag{2-11}$$

由式（2-11）可见，迹线线型取决于 $\alpha$ 值，当 $\alpha = 1$ 时为抛物线；当 $\alpha = 2$ 时为直线。一般 $1 < \alpha < 2$，迹线介于抛物线与直线之间。

### 2.2.3　放出漏斗

放矿时移动带内任一层面上的颗粒，随着下面散体的移动而不断下移。由式（2-9）可见，颗粒所处的位置不同下移速度不同，越近漏孔轴线的颗粒（$r$ 值越小）下移速度越大。在相同的时间内，那些下移速度较大的颗粒下移距离较大，而速度较小的颗粒下移距离较小。这样原来处于同一水平面上的颗粒由于下移速度不等而形成漏斗状凹坑，此凹坑就是放出漏斗。

放出漏斗方程

$$r^2 = \beta z^\alpha \ln \frac{(\alpha+1)Q}{\pi\beta(z_0^{\alpha+1} - z^{\alpha+1})} \tag{2-12}$$

据式（2-12）分析放出漏斗性质，令 $r=0$ 得放出漏斗最低点高度

$$z_{\min} = \sqrt{z_0^{\alpha+1} - \frac{(\alpha+1)Q}{\pi\beta}} \tag{2-13}$$

可见随着放出量的增加，漏斗最低点高度不断降低。当 $Q = \pi\beta z_0^{\alpha+1}/(\alpha+1)$ 时，$z_{\min} = 0$，放出漏斗最低点到达漏孔。此时再增大 $Q$，漏斗最低点不存在（已被放出）。$z_{\min} > 0$ 时的放出漏斗即为移动漏斗；$z_{\min} = 0$ 时的放出漏斗即为降落漏斗；而最低点被放出的放出漏斗即为破裂漏斗。如果 $z_0$ 层面是矿岩接触界面，则降落漏斗的出现标志着纯矿石回收结束；再继续放出，岩石混入矿石中进入贫化矿回收阶段。

### 2.2.4　放出体

放出散体在矿岩堆里原来占据的位置所构成的形体称为放出体。

放出体与放出高度关系为

$$Q = \frac{\beta}{\alpha + 1}\pi H^{\alpha + 1} \tag{2-14}$$

放出体方程

$$r^2 = (\alpha + 1)\beta z^{\alpha}\ln\frac{H}{z} \tag{2-15}$$

设放出体最宽部位所在高度为 $h$，则在 $z = h$ 处放出体法线斜率为零。

令 $dr/dz = 0$，由式（2-15）计算得

$$h = H\exp\left(\frac{1}{\alpha}\right) \ 或\ \frac{H}{h} = \exp\left(\frac{1}{\alpha}\right) \tag{2-16}$$

可见放出体短轴相对位置取决于参数 $\alpha$。当 $\alpha > 1/\ln2$ 时，$h > H/2$，表明放出体形态上部较粗大；当 $\alpha = 1/\ln2$ 时，$h = H/2$，放出体最宽部位在其中部；当 $\alpha < 1/\ln2$ 时，放出体下部较粗大。

### 2.2.5　散体颗粒点移动方程

漏孔放矿时，移动带内散体不断移动与放出，放出体不断扩大。进入放出体内的散体已被放出；位于放出体边界上的散体颗粒在统计意义上刚好到达漏斗口；放出体之外的散体尚未移到放出口。为确定未被放出散体的移动位置，需建立颗粒点移动方程，即

$$\left.\begin{aligned}
z &= \left(1 - \frac{Q_f}{Q_0}\right)^{\frac{1}{\alpha + 1}} z_0 \\
x &= \left(1 - \frac{Q_f}{Q_0}\right)^{\frac{\alpha}{2(\alpha + 1)}} x_0 \\
y &= \left(1 - \frac{Q_f}{Q_0}\right)^{\frac{\alpha}{2(\alpha + 1)}} y_0
\end{aligned}\right\} \tag{2-17}$$

## 2.3　废石混入过程

放出体有如收受体，凡是进入其中的矿岩都已被放出。可以用放出体增大过程中进入的岩石量，解说岩石混入（矿石贫化）过程。

放矿过程中废石的混入是矿石贫化的主要原因，而混入废石的来源，既取决于矿岩接触面条件，又取决于放出体形态。如果知道放矿前矿岩接触面的位置和形状，就可借助放出体图形，来查明混入废石的来源并计算出每一部位废石混入

量的多少。

设矿岩界面为一顶面水平面（图 2 - 4），当放出体高度小于矿石层高度时放出的为纯矿石，放出纯矿石的最大数量等于高度为矿石层高度的放出体体积。放出体高度大于矿石层高度时有岩石混入，混入岩石数量等于进入放出体中的岩石体积（椭球冠）。

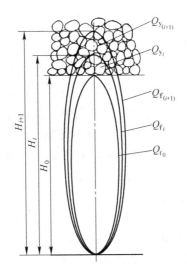

图 2 - 4　矿岩界面为顶面水平面时岩石混入过程

$H_0$，$H_i$，$H_{i+1}$—放出体高度；$Q_{f_0}$，$Q_{f_i}$，$Q_{f_{(i+1)}}$—放出体体积；$Q_{y_i}$，$Q_{y_{(i+1)}}$—放出体中岩石体积

岩石椭球冠体积与整个放出体体积的比率（%）等于体积岩石混入率。

当矿岩接触面为其他形状时，也可用类似的方法查找混入废石的来源、计算废石混入量。

# 3  矿山岩体结构调查

## 3.1  岩体结构调查方法

采矿工程中，为了能正常安全地进行生产，需正确评价岩体的稳定性，按岩体的稳定性对岩体进行分类是非常必要的，并且已成为岩体力学的一个重要的研究课题。大量的生产实践说明岩体的稳定性不仅取决于岩性，而且更重要的是取决于岩体结构。岩体结构是指结构面与被不同形式结构面组合所切割的块体的形状和组合的特征。充分掌握岩体的结构并能正确地评价岩体的稳定性，进行岩体构造现场调查是一项较为重要的工作之一。

### 3.1.1  构造调查网的布置

构造调查网的布置应该能够确保获得岩体构造的空间分布特性。因此，构造调查网必须形成空间网格，并且随着开挖工程的进行不断完善。

通常以工程实施范围及其影响区作为调查区域。在水平（或近水平）方向，充分利用地表岩石露头和纵、横坑道（如穿脉、沿脉、电耙道等）形成方形（或大角度）的平面网格作为水平方向的控制。在垂直方向以适当网格布置垂直钻孔或利用天井等，另外，采用不同水平的坑道形成不同深度的平面网格。在调查区域内，尽量利用采矿中已开挖的坑道和探矿时的勘探资料，形成完整的调查网格。

钻孔布置可结合地质探矿、工程钻探的一些资料。考虑构造调查空间控制的需要，钻孔方向尽量与几组节理相交，并与节理面成较大的夹角，其方向也可根据坑道调查所得的节理面方位适当调整。岩性和不同构造特征的岩体中都应该布置钻孔。钻孔数量根据需要可适当减少。

### 3.1.2  岩体构造调查方法

采用钻孔岩芯调查和岩体原位观测相结合的方法。岩体原位观测是观测地表岩石露头和已开挖的坑道内的岩体，所以采用详细线观测法。

#### 3.1.2.1  抽样方案

在调查区域岩体构造复杂、结构面类型、产状和间距等的分布多变的情况下，沿岩体暴露面连续不断地调查；当岩体构造类型简单、产状相对稳定、分布规律比较明显的情况下，选择有代表性的区段进行调查。关键是抽样区段的代表性。应该先由有经验的地质人员和岩石力学工作者联合进行踏勘，初步将调查区域分成若干构造区（Ⅲ类以上），使每一区段的主要特征（如岩石类型、岩体切割程度、节理产状以及水文条件、风化蚀变等）或多或少地相同。在大多数情况下，构造区的边界应与主要的地质特征如断层、岩脉和剪切带是一致的。构造区确定之后，在每个区内选择代表性最强的区段进行观测。

根据统计分析确定所测区段中各节理组、节理间距的分布、所需制定的节理条效应在 150 个左右。这个数字随结构面产状的随机性以及进一步分析的需要而变化。

### 3.1.2.2 详细线观测法

A 测线布置

在纵、横坑道布置测线如图 3-1 所示，沿坑道壁面距底板 1m 高处安置测尺作为测线，用以确定各结构因素的位置。测尺必须水平拉紧，基点设在开始调查点。从基点开始沿测线方向对各构造因素进行测定和统计。

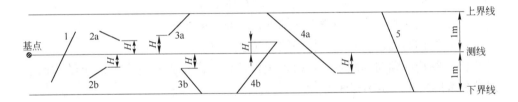

图 3-1 测线布置示意图

1—结构面与测线相交，但不跨测带上下界；2a，2b—结构面不与测线和测带上下界相交；

3a，3b—结构面只与测带上界或下界相交，不与测线相交；

4a，4b—结构面跨过测线和测带上下界之一；5—结构面跨过测带

B 测带

将测线上下 1m 的范围作为测带，调查工作在测带以内进行。对于地表岩石露头，测带与此相同，但测线的方向应根据节理的产状确定，并且应在同一露头设置不同方向的测线，其调查的方法与巷道坡面完全相同。

## 3.2 调查内容及方法

### 3.2.1 调查的内容

为研究矿体、围岩的稳定性，需要查清岩体结构面的性质和特征。因此，对该矿进行了结构面现场调查工作。考虑到不同岩性的分布情况及现有工程的限制，仅对 400m 中段矿体、上盘泥岩及下盘角砾岩进行调查。这些部位岩体裸露

比较充分，出露的岩石主要有泥岩、角砾岩及矿石三种。

调查内容包括：

（1）岩石种类、层位关系。

（2）结构面产状、组数、间距、粗糙度、闭合度、贯通性及结构面类型等。

（3）结构面充填物、胶结物的性质和成分、充填物的厚度。

（4）调查地点的地下水赋存情况、水量、水压等。

### 3.2.2  调查的方法

由于在矿体、围岩中存在大量的坑道及穿脉，所以在对节理裂隙进行调查时，选用了详细线观测法。

#### 3.2.2.1  节理裂隙调查内容

（1）结构面编号。从基点起算的结构面的条号。

（2）结构面类型。结构面分为正断层（$T_f$）、逆断层（$C_f$）、层面（L）、节理（J）、片理面（S）、软弱夹层（P）等6种类型。

（3）结构面基距。在测线上从基点量取的距离（cm）。

（4）结构面间距。测线上相邻结构面之间的距离（cm）。

（5）结构面倾向和倾角。倾向为全方位角，倾角为测量水平面至结构面上最陡斜线间夹角，精确到度。

（6）结构面持续性。结构面在量测范围内有5种出露方式，如图3-1所示。

（7）结构面粗糙度。结构面粗糙度分为台阶型、波浪型、平面型，每类又可分为粗糙的、平坦的及光滑的。

（8）结构面充填情况。测量结构面两侧岩面之间的垂直距离（cm），记录充填物的成分和固结程度（松散或胶结）。

（9）结构面渗水性。结构面渗水性分为干燥、潮湿、渗水及流水4种情况。

（10）结构面张开度。结构面张开度分为张开的、闭合的、愈合的。张开的：结构面两侧岩壁没有接触或只有很少接触；闭合的：结构面两侧岩壁大部分接触或完全接触，但没有胶结或只有部分胶结；愈合的：结构面两侧岩壁为矿物或细脉重新胶结的情况。

#### 3.2.2.2  岩体构造调查地点的确定

依据矿体的实际状态、调查规范要求以及调查时现场条件的限制，最终确定5个地点对3种不同的岩性进行岩体结构调查，调查总长度为71.55m，节理裂隙调查详见表3-1。

**表 3 - 1 节理裂隙调查地点**

| 中段 | 工程号 | 岩 性 | 调查长度/m | 节理条数/条 |
|---|---|---|---|---|
| 400 | 12 线穿脉 | 矿体（石英细砂岩） | 16.95 | 89 |
| 400 | D11C 联道 | 矿体（石英细砂岩） | 12.55 | 78 |
| 400 | 双车联络道 | 上盘围岩（粉砂质红泥岩） | 18.00 | 77 |
| 400 | 双车联络道值班室 | 上盘围岩（粉砂质红泥岩） | 8.25 | 57 |
| 400 | 16 线 D11 下盘 | 下盘围岩（角砾岩） | 15.8 | 70 |

### 3.2.2.3 现场岩体结构调查

现场节理裂隙调查采用详细线观测法，具体测线布置如图 3 - 1 所示。沿巷道底板 1m 高处安置测尺，用以确定各结构因素的位置。测尺水平拉紧，基点设在开始调查点。从基点开始沿测线方向对各构造因素进行测定和统计。将测线上下 1m 的范围作为测带，调查工作在测带以内进行。

共调查巷道 71.55m，节理 371 条，节理裂隙调查数量统计见表 3 - 2。

**表 3 - 2 节理裂隙调查数量统计**

| 序号 | 调查地点 | 调查长度/m | 测带宽度/m | 调查面积/m² | 节理裂隙数量/条 | 节理裂隙密度/条·m⁻¹ |
|---|---|---|---|---|---|---|
| 1 | 12 线穿脉 | 16.95 | 2 | 33.9 | 89 | 5.27 |
| 2 | D11C 联道 | 12.55 | 2 | 25.1 | 78 | 6.24 |
| 3 | 双车联络道 | 18.00 | 2 | 36.0 | 77 | 4.28 |
| 4 | 双车联络道值班室 | 8.25 | 2 | 16.5 | 57 | 6.90 |
| 5 | 矿体下盘 | 15.8 | 2 | 31.6 | 70 | 4.43 |

## 3.3 岩体结构调查成果分析

在构造应力作用下岩体中所产生的各种构造遗迹，包括断层、节理、层理和破碎带等，在地质上称之为结构面。岩体被这些结构面切割成既连续又不连续的裂隙体，对外力呈现出各向异性，并在岩体中存在着原岩应力，这些结构面可能形成力的传递的不连续面，在其附近发生应力集中。由于结构面间黏聚力减弱，抗剪强度也低，尤其在水的作用下降低更大。因此，岩体中节理裂隙分布规律及其特征是影响岩体完整性、岩体强度、岩体稳定性的主要因素之一。

### 3.3.1 结构面间距

结构面间距是影响岩体完整性的重要指标之一，间距越小，岩体被结构面切割得越厉害，岩体的完整性就越差。经统计，矿体、上盘围岩、下盘围岩节理裂隙平均间距分别为 0.17m、0.196m、0.226m；节理裂隙间距分布如图 3-2~图 3-4 所示。由图 3-2~图 3-4 可见，矿岩体节理裂隙间距 70% 在 10~30cm 之间，属于节理较密集和较发育岩体。

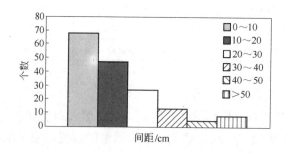

图 3-2　矿体节理裂隙间距分布

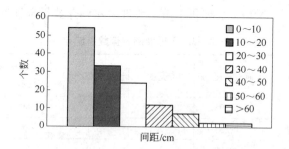

图 3-3　上盘围岩节理裂隙间距分布

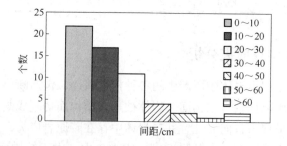

图 3-4　下盘围岩节理裂隙间距分布

### 3.3.2　结构面粗糙度

结构面平整起伏程度、光滑粗糙度直接影响着结构面的抗剪特性。结构面越粗糙，结构面的抗剪阻力就高，无论其方位如何，岩体的质量都相对要好。节理裂隙结构面粗糙度分为台阶型、波浪型、平直型进行统计。经统计，结构面大部分属于平直型，而粗糙型和台阶型的结构面很少，不利于岩体结构的稳定。

### 3.3.3　结构面倾角

结构面倾角是影响结构面空间分布规律的一个重要参数之一。经统计，矿岩体节理裂隙结构面基本为急倾斜，大多节理倾角大约在 50°~90°之间。结构面统计如图 3-5~图 3-7 所示。由于大多结构面为陡倾角，所以岩体的稳定性一般情况下较好。

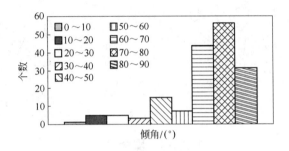

图 3-5　矿体结构面倾角分布

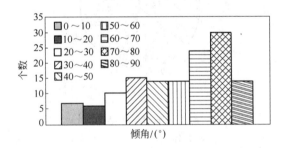

图 3-6　上盘围岩结构面倾角分布

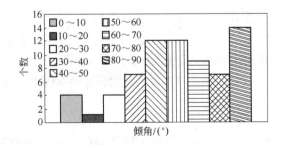

图 3-7　下盘围岩结构面倾角分布

### 3.3.4　节理倾向统计

从各类型岩体结构面分布饼图 3 - 8 可知，矿体优势结构面类型主要以 1 类和 5 类为主；上盘围岩优势结构面类型主要以 1 类、4a 和 5 类为主；下盘围岩优势结构面类型主要以 3a、4a、4b 和 5 类为主。

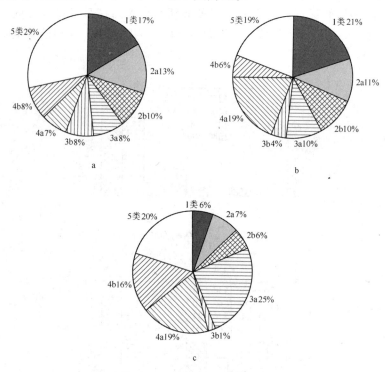

图 3 - 8　矿体与围岩岩体结构面分布饼图
a—矿体；b—上盘；c—下盘

### 3.3.5　结构面张开度

结构面的张开闭合情况同样直接影响着结构面的抗剪特性，闭合的节理面能增加结构面的抗剪阻力。经统计，在节理面张开度类型中，基本上都属于闭合节理，由于大多数节理面壁接触紧密，且张开节理中大多数无充填物，故节理面的性质主要取决于节理面凸点性质，而充填物对节理面强度影响极小，有利于岩体的稳定。

### 3.3.6　地下水条件

地下水渗透会使节理面岩壁或节理充填物弱化，在遇到软弱夹层时，会使软弱夹层中或结构面上的泥质物质发生软化和泥化，导致岩体强度降低。在所调查的所有地段中，矿体下盘 400 中段水较大，从顶板及两帮上直接有水流出，如下雨状，除此之外，其他地方的节理裂隙相对比较干燥，潮湿的所占部分较小。但到了梅雨季节，由于地表水的渗透和塌陷区域水流经巷道和工作面，工作面和巷道渗水比较严重，在此期间应注意地表水和塌陷区的防排水工作，以防止水对弱面的侵蚀。就目前现状而言，地表水和塌陷区对岩体性质的影响比较大。

### 3.3.7  结构面空间分布规律

根据岩体节理调查结果，经统计分析绘出的矿体上盘、下盘和矿体的节理走向玫瑰花图如图 3 - 9 所示。从总的统计结果看，矿体上盘围岩有 4 组节理，其中以走向为 N5 ~ 72W、N8 ~ 48E 比较发育，矿体有 4 组较优势节理，其走向分别为 N4 ~ 40E、N55 ~ 65E、N5 ~ 65W 和 N67 ~ 80W；下盘围岩的优势节理有 5 组，走向分别为 N4 ~ 15E、N22 ~ 64E、N71 ~ 83E、N15 ~ 20W、N30 ~ 40W，矿体有 5 组节理，又以走向为 N60 ~ 72E、N6 ~ 31W、N35 ~ 67W 较为发育。

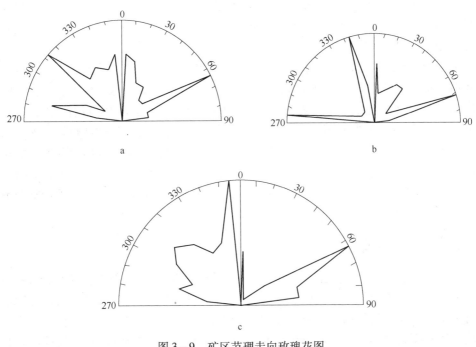

图 3 - 9  矿区节理走向玫瑰花图
a—矿体上盘；b—矿体下盘；c—矿体

## 3.4  岩体结构稳定性评价

现场地质调查表明，矿区岩体主要由含矿层、矿体上盘、矿体下盘和层间接触带几种围岩组成。

（1）矿体主要为景星组，其总体走向为北东，倾向北西。产状上部缓下部陡。矿层厚上、下部一般20m左右，最厚40m，中部变薄。矿石为石英细粒砂岩，岩体系块状结构，属较坚硬岩层。在未受到风化和构造影响下该层属中等稳固程度。

（2）矿体上盘花开组为软弱岩层，岩性为粉沙质泥岩、泥质粉砂岩互层，夹粉砂岩和细砂岩。层理清晰，层间结合力弱，风化后微层理显著，岩层面常含有白云母、绢云母碎片。厚度变化大，一般在40～120m，岩体受构造变动强烈，挤压揉皱厉害，伴随出现许多小断层和滑动面，岩层软硬相间，力学强度低，岩层为层状态碎裂结构，稳定性差。

（3）矿体下盘为云龙组坚硬岩层，为含石膏砂质角砾岩、细砂岩。裂隙多充填有石膏，岩体为层状结构。因岩石颗粒度细，岩石力学强度低，顶部数米至数十米的岩体往往比较破碎，稳定性也较差，对开采很不利。

（4）矿层接触带，矿体的顶底板接触带均为大型软弱结构面，软弱结构面厚薄不均，从几厘米到几米不等，接触带含有泥化黏土薄层、并夹有少量的破碎带和断层，胶结松散比较差，对岩层的稳定性很不利。从现场调查和开采所揭露的工程看，矿区地质构造复杂、断裂发育。顶板岩层软弱，岩体遭受强烈的构造变动，塑性变形较大。软岩遇水膨胀，当矿体采动后，采场压力增大，顶板软弱破碎，顶板距离地表较近，采用崩落法开采将导致地表大面积的塌陷，损失贫化加大。此外，地表塌陷、地表水影响、围岩松散破碎，围岩渗透性较好，围岩的渗透和塌陷区水渗透将使岩体的强度进一步降低，将使开采难度增加和损失贫化加大。目前以河流为界地表产生了8个塌陷区，随着开采的推进和地表水的影响，目前塌陷区有进一步扩大的趋势，对塌陷区的处理和地表水的防治将有利于井下的开采和工作面的稳定。

## 3.5　地表塌陷过程

矿区开采后，地表产生了不同程度的塌陷，塌陷区共有8个。地表塌陷主要是由于矿体距离地表较近，矿体顶板风化破碎、接触带也比较破碎，使采动后地表产生了不同程度的塌陷。开采影响传递到地表后，在地表产生移动，由于地表点之间的移动量不均衡，从而在其内部产生变形，当其拉伸变形超过其抵抗变形能力之后，地表产生裂缝。通过调查分析，地表采动裂缝的产生可分为如下四个时期：

（1）移动变形积累期。工作面开采后，其上覆岩层在重力作用下产生弯曲变形，当开采面积还没有达到使上覆岩层产生破坏断裂前，地表中形成较小的移动变形量，采动影响也较弱，这时一般不会产生裂缝，故称为移动变形积累期。

　　(2) 裂缝产生期。随着开采面积的增大，使其顶板岩层跨距超过其极限后发生断裂，并使移动破坏过程向上传递到地表，这时地表移动变形量逐渐增大，且地表之间的不均衡移动量尤为突出，当不均衡移动量超过地表抵抗变形的能力之后，地表产生裂缝，这时地表产生裂缝，这时裂缝的宽度及延伸长度也相对较小，其位置一般出现在开采边界的外侧。

　　(3) 裂缝扩展期。当地表产生裂缝之后，随着开采面积的进一步增大，地表裂缝也会进一步扩展，但由于山区地形的影响，裂缝的扩展一般在山顶部位较大，而在山谷部位相对较小。

　　(4) 裂缝闭合期。随着开采面积的增大，开采工作面与裂缝位置的距离超过了开采影响范围，这时原先张开的裂缝随着地表移动变形的逐渐稳定而产生一定的闭合，当开采活动停止一定时间后，裂缝也逐渐稳定到一定宽度和范围内。根据开采对地表影响规律，在裂缝扩展期采取一定的措施减少采动对地表的影响。

# 4　工程岩体质量分级

## 4.1　室内物理力学试验

矿岩各项物理力学性质指标的测定对于岩石分类、爆破装药量计算、支护形式选择、开挖过程控制、数学模型建立及模拟分析和采空区处理方法选择等方面具有重要的作用，已成为采矿研究中的重要环节。但在采矿工程中，我们所接触的工程岩体，从力学上看，与其他各种材料的主要区别在于其不连续性和不均匀性，在成岩期间受到热力作用，在漫长的地质年代又受多次剧烈、复杂的构造运动作用，岩体中存在着许多不连续面——大大小小的断层、节理、片理、裂隙、微裂隙等。这些不连续面的产状（走向、倾向）、规模（长度、宽度）和性质（接触情况、充填物和含水率）各不相同，且变化幅度较大。围岩往往有多种不同的岩性，同一种岩性的组成成分也各异。由于那些不连续面的分布极不规律，造成岩体力学的性质高度不均匀性，使在室内所进行的小规模试验，很难代表大规模范围内的岩体力学特性，即室内岩块试验的参数与现场岩体的试验差别很大。所以为了对工程岩体进行的稳定性或安全性计算分析更加符合工程实际，人们往往希望得到代表大范围的岩体力学参数，即岩体宏观力学参数。岩体宏观力学参数的研究就是一定范围和尺度的岩体在一定的荷载作用下的力学特性（弹、塑、黏、流变等各项力学参数、本构关系等）。工程岩体在荷载作用下的应力、应变（位移）分析，变形、破坏和稳定性研究，以及岩体性状监测的反分析等，这些岩体的力学研究工作遵循何种理论、采用什么方法、选用什么参数，都取决于岩体的基本力学特性。因此，岩体宏观力学参数的研究是岩石力学最基本、也是最困难的研究课题之一。

针对理论分析、计算及模拟需要，分别对矿区围岩及矿石进行了取样，进行了室内的相关物理力学指标试验。

### 4.1.1　试件制备

现场调查和观测结果表明，地下矿体开采引起的地表移动和变形情况十分复杂，开采产生的地表裂缝和塌陷区与矿体的地质、采矿条件、覆岩性质、覆岩产状、地表地形和地貌（包括倾角、倾向、微地貌特征和松散层结构特性）、采动程度、坡体形态、地表岩土性质、浅层构造和弱面状态等因素有关。综合以上考虑，岩石力学试验取样点选择在对围岩影响较大的上盘、下盘和矿体进行取样，并对其进行力学分析。

根据所取试样，在岩石力学实验室进行了相关测试和分析，并结合南非地质力学分级方法，对矿区的矿岩稳固性进行了分级研究，为下一步开采技术研究和计算模拟提供依据。

根据矿山的实际情况，选取有代表性的主要岩石和矿石进行物理力学参数的试验测定。试样采集由本书作者和其他课题组成员共同负责完成，经过现场调查后，在合适的地段现场采取条件试验要求的岩（矿）块样。

在岩石力学试验室根据不同的试验要求进行岩样的加工，加工试样规格为：长×宽×高 = 50mm×50mm×50mm 和长×宽×高 = 50mm×50mm×100mm 的两种立方体试件。待试样加工好以后分别对其进行了抗压强度（自然风干、饱和）、抗拉强度、弹性模量及泊松比、容重等的试验。

## 4.1.2　试验内容及方法

### 4.1.2.1　抗压强度试验及变形试验

无侧限的试样在轴向压力作用下出现压缩破坏时，单位面积上所承受的荷载称为岩石的抗压强度，即试样破坏时的最大荷载与垂直于加荷方向试样面积之比。

加载试验的压力试验机为 100t 万能材料试验机，满足下列要求：

（1）压力机应能连续加载且没有冲击，具有足够的加载能力，能在总荷载的 10%～75% 之间进行试验；

（2）压力机的承压板，具有足够的刚度，其中之一具有球形座，板面须平整光滑；

（3）承压板直径大于试样直径；

（4）压力机的校正与检验，符合国家计量标准规定。

为了消除受载时的端部效应，试样两端安放了钢质垫块。垫块直径等于或略大于试样直径，其高度约等于试样直径。垫块的刚度和平整度符合压力机承压板的要求。

试样采用方柱，底宽为 50mm 左右，高也为 50mm 左右。试件分为自然风干和饱水状态两种，但仅对自然风干试样进行变形试验。

在试件的中部对称位置纵向、横向各贴两片电阻应变片，试验时同另一温度补偿片组成半桥形式联入记录设备，记录仪器为中国地震局地质研究所研制的 16 通道数字动态应变仪。应力测量为不同量程的压力传感器。

试验时，试样（包括上下垫块）置于压力试验机承压板中心，用球形座使之均匀受荷，以 0.5～0.8MPa/s 的速度均匀加荷，直到试样破坏。

用式（4-1）计算岩石抗压强度：

$$R = \frac{P}{A} \qquad\qquad (4-1)$$

式中　$R$——岩石抗压强度，MPa；

　　　$P$——最大破坏荷载，N；

　　　$A$——垂直于加荷方向的试样面积，$mm^2$。

　　变形试验是测量无侧限的试样在轴向压力作用下试样的轴向和横向变形（应变），据此计算岩石弹性模量和泊松比。

　　弹性模量是轴向应力与轴向应变之比，通常以平均割线模量为计算标准。

　　泊松比是径向应变与轴向应变之比，测定泊松比为岩样平均泊松比，即应力–应变曲线上直线段的横向应变与纵向应变之比。

　　计算方法如下

$$E = \frac{\sigma_{c(50)}}{\varepsilon_{y(50)}} \qquad\qquad (4-2)$$

$$\mu = \frac{\varepsilon_{x(50)}}{\varepsilon_{y(50)}} \qquad\qquad (4-3)$$

式中　$E$——弹性模量；

　　$\sigma_{c(50)}$——试件单轴抗压强度的 50%，MPa；

　　　$\mu$——泊松比；

　　$\varepsilon_{x(50)}$——$\sigma_{c(50)}$ 处对应的横向应变；

　　$\varepsilon_{y(50)}$——$\sigma_{c(50)}$ 处对应的纵向应变。

### 4.1.2.2　劈裂试验

　　劈裂试验，是在圆柱体试样的直径方向上嵌入上、下两根垫条，施加相对的线性荷载，使之沿试样径向破坏。试样规格为直径 50mm，高度 50mm。

　　除压力试验机外，对圆柱试样，试样与承压板之间的垫条为电工用的胶木板，宽度 5mm。立方体试样与承压板之间为直径 3mm 的高强度钢丝。

　　试验时将试样置于压力试验机承压板中心，在试样与承压板之间放上垫条，与试样两端标有两条标准线的径向平面对齐，并使之均匀受载，以 0.3 ~ 0.5MPa/s 的速率加载，直至试样破坏。

　　用式（4-4）计算劈裂强度

$$R = \frac{2P}{\pi Dh} \qquad\qquad (4-4)$$

式中　$R$——岩石的劈裂强度，MPa；

　　　$P$——试样破坏时的最大荷载，N；

　　　$D$——受载试样的直径，mm；

　　　$h$——受载试样的高度，mm。

### 4.1.3 岩石室内点荷载试验

#### 4.1.3.1 点荷载试验

国外点荷载试验方法早在 20 世纪 30 年代就有人开始探索，但是直到 60 年代中期以后，才从理论上逐渐得到了较严格的论证；70 年代以来这种方法在国内外获得了迅速的推广，已被广泛地用于实践。这种方法可以摆脱常规试验中制备试样的沉重负担，无论是钻取的岩芯，还是从现场上任何地方敲击下来的石块，只要是用铁锤稍加修整，都可以直接用于试验，这样就大大降低了成本，缩短了时间。最重要的是，一些低强度的试验，例如严重风化的岩石，由于无法按常规试验的要求制样，也就不能使用常规的试验方法测试，点荷载方法填补了这一重要的空白。大量的测试应用结果表明，点荷载仪非常适合用于上盘红泥岩和下盘角砾岩等松软岩体的强度测试，本次试验设备采用 STDZ-3 型数显点荷载仪，在采场各个不同巷道里取样进行试验。

A 样点选取

根据岩石岩性和节理特性，在巷道里用地质锤敲取试样，或者是直接在地下采场里选取脱落的岩石试样，用地质锤稍加修整即可。但注意在取样过程中，应尽量保持岩块的自然属性，避免外力损伤，造成内部结构变异。选取岩块时，高宽比应控制在 0.8～1.4 的范围内，且每种岩性的采样点采集 15～20 块试样。样品采用塑料袋密封、保留其水分，在实际测试中，岩样已暴露在空气中水分发生了变化，因此，测试出的岩样值比现场实际值要高。

B 尺寸测量

试样宽度取试样上宽和下宽的平均值，试样厚度为点荷载仪上下压头接触点之间的距离 $D$，可在点荷载仪上直接量取。这些尺寸均在压头接触点处试样最小断面处量测。

C 点荷载强度计算

点荷载试验所获得的强度指标用 $I_s$（index of strength）表示，其值等于

$$I_s = \frac{P}{D^2} \tag{4-5}$$

式中 $P$——点荷载加载的压力，N；

$D$——试验试样厚度，mm。

国际岩石力学学会（International Society for Rock Mechanics，ISRM）将直径为 50mm 的圆柱体试件径向加载点荷载试验的强度指标值 $I_{s(50)}$ 确定为标准试验值，其他尺寸试件的试验结果需根据下面的公式进行修正

$$I_{s(50)} = KI_s \tag{4-6}$$

式中 $I_{s(50)}$——直径为50mm的标准试件的点荷载强度指标值，MPa；

$\qquad$ $K$——修正系数：

当 $D \leqslant 55$mm 时 $\quad K = 0.2717 + 0.01457D$

当 $D > 55$mm 时 $\quad K = 0.7540 + 0.0058D$

$I_{s(D)}$——试件直径为 $D$ 的非标准试件的荷载强度指标值，MPa。

根据采矿有关设计规范，岩石单轴抗压 $R_c$、抗拉强度 $R_t$ 的经验计算公式分别为

$$R_c = 24I_{s(50)}$$
$$R_t = 0.90I_{s(50)}$$

#### 4.1.3.2 密度试验

试验采用蜡封法进行测试。

#### 4.1.3.3 试验结果

试验结果见表4-1~表4-5。

表4-1 密度试验结果

| 名　　称 | 红泥岩 | 角砾岩 |
|---|---|---|
| 试验结果/g·cm$^{-3}$ | 2.52 | 2.85 |

表4-2 岩石室内物理力学性质试验结果

| 名　　称 | 力　学　参　数 | | |
|---|---|---|---|
| | 密度/g·cm$^{-3}$ | 抗压强度/MPa | 抗拉强度/MPa |
| 红泥岩 | 2.52 | 21.01 | 0.79 |
| 角砾岩 | 2.846 | 44.24 | 1.66 |
| 角砾岩（泡水48h） | 2.853 | 21.76 | 0.82 |

表4-3 上盘红泥岩点荷载试验数据

| 序号 | 岩样名称 | 破坏荷载/kN | 方向、加载直径/mm | 强度指标/MPa | 抗压强度/MPa | 抗拉强度/MPa |
|---|---|---|---|---|---|---|
| 1 | 上盘红泥岩 | 0.9 | 垂直40 | 0.5625 | 11.536 | 0.4326 |
| 2 | 上盘红泥岩 | 0.6 | 垂直33 | 0.551 | 9.9512 | 0.3732 |
| 3 | 上盘红泥岩 | 0.1 | 垂直34 | 0.08651 | 1.593 | 0.05972 |
| 4 | 上盘红泥岩 | 0.2 | 垂直33 | 0.1837 | 3.3168 | 0.1244 |
| 5 | 上盘红泥岩 | 1.4 | 垂直40 | 0.875 | 17.9445 | 0.6729 |
| 6 | 上盘红泥岩 | 0.9 | 垂直35 | 0.7347 | 13.7826 | 0.5168 |

| 序号 | 岩样名称 | 破坏荷载<br>/kN | 方向、加载直径<br>/mm | 强度指标<br>/MPa | 抗压强度<br>/MPa | 抗拉强度<br>/MPa |
|------|----------|------|------|------|------|------|
| 7 | 上盘红泥岩 | 1.6 | 垂直 30 | 1.7778 | 30.2421 | 1.1341 |
| 8 | 上盘红泥岩 | 1.9 | 垂直 35 | 1.551 | 29.0965 | 1.0911 |
| 9 | 上盘红泥岩 | 1.8 | 垂直 30 | 2 | 34.0224 | 1.2758 |
| 10 | 上盘红泥岩 | 0.7 | 垂直 20 | 1.75 | 23.6502 | 0.8869 |
| 11 | 上盘红泥岩 | 2.2 | 垂直 22 | 4.5454 | 64.608 | 2.4228 |
| 12 | 上盘红泥岩 | 1.5 | 垂直 31 | 1.5609 | 27.0981 | 1.0162 |
| 13 | 上盘红泥岩 | 1.5 | 垂直 39 | 0.9862 | 19.88 | 0.7455 |
| 14 | 上盘红泥岩 | 0.4 | 垂直 29 | 0.4756 | 7.9246 | 0.2972 |
| 15 | 上盘红泥岩 | 1.5 | 垂直 38 | 1.0388 | 20.5768 | 0.7716 |
| 平 均 强 度 | | | | | 21.01 | 0.79 |

注：点荷载实验。实验设备：STDZ - 3 型数显点荷载仪。

**表 4 - 4　下盘角砾岩点荷载试验数据**

| 序号 | 岩样名称 | 破坏荷载<br>/kN | 方向、加载直径<br>/mm | 强度指标<br>/MPa | 抗压强度<br>/MPa | 抗拉强度<br>/MPa |
|------|----------|------|------|------|------|------|
| 1 | 下盘角砾岩 | 1.4 | 垂直 40 | 0.875 | 17.9445 | 0.6729 |
| 2 | 下盘角砾岩 | 0.9 | 垂直 42 | 0.5102 | 10.8201 | 0.4057 |
| 3 | 下盘角砾岩 | 1.4 | 垂直 30 | 1.5556 | 26.4619 | 0.9923 |
| 4 | 下盘角砾岩 | 2.1 | 垂直 39 | 1.3807 | 27.832 | 1.0437 |
| 5 | 下盘角砾岩 | 0.9 | 垂直 49 | 0.3748 | 8.867 | 0.3325 |
| 6 | 下盘角砾岩 | 2.9 | 垂直 42 | 1.644 | 34.8647 | 1.3074 |
| 7 | 下盘角砾岩 | 1.7 | 垂直 46 | 0.8034 | 18.1618 | 0.6811 |
| 8 | 下盘角砾岩 | 1.5 | 垂直 45 | 0.7407 | 16.4862 | 0.6182 |
| 9 | 下盘角砾岩 | 1.0 | 垂直 37 | 0.7305 | 14.214 | 0.5330 |
| 10 | 下盘角砾岩 | 0.7 | 垂直 28 | 0.8929 | 14.5641 | 0.5462 |
| 11 | 下盘角砾岩 | 0.7 | 垂直 25 | 1.12 | 17.0943 | 0.6410 |
| 12 | 下盘角砾岩 | 1.0 | 垂直 34 | 0.8651 | 15.9255 | 0.5972 |
| 13 | 下盘角砾岩 | 1.7 | 垂直 33 | 1.5611 | 28.1932 | 1.0572 |
| 14 | 下盘角砾岩 | 0.9 | 垂直 35 | 0.7347 | 13.7826 | 0.5168 |
| 15 | 下盘角砾岩 | 4.0 | 垂直 35 | 3.2653 | 61.2558 | 2.2971 |
| 平 均 强 度 | | | | | 21.76 | 0.82 |

注：点荷载实验（岩石泡水 48h）。实验设备：STDZ - 3 型数显点荷载仪。

**表 4 - 5　下盘角砾岩点荷载试验数据**

| 序号 | 岩样名称 | 破坏荷载<br>/kN | 方向、加载直径<br>/mm | 强度指标<br>/MPa | 抗压强度<br>/MPa | 抗拉强度<br>/MPa |
|------|----------|------|------|------|------|------|
| 1 | 下盘角砾岩 | 1.5 | 垂直 40 | 0.9375 | 19.2263 | 0.721 |
| 2 | 下盘角砾岩 | 1.7 | 垂直 47 | 0.7696 | 17.6663 | 0.6625 |
| 3 | 下盘角砾岩 | 3.8 | 垂直 50 | 1.52 | 36.48 | 1.368 |
| 4 | 下盘角砾岩 | 1.8 | 垂直 51 | 0.6920 | 16.8543 | 0.6320 |
| 5 | 下盘角砾岩 | 1.9 | 垂直 39 | 1.2492 | 25.1813 | 0.9443 |
| 6 | 下盘角砾岩 | 0.8 | 垂直 36 | 0.6173 | 11.7962 | 0.4424 |
| 7 | 下盘角砾岩 | 3.9 | 垂直 35 | 3.1837 | 59.7244 | 2.2397 |
| 8 | 下盘角砾岩 | 1.9 | 垂直 32 | 1.8555 | 32.8614 | 1.2323 |
| 9 | 下盘角砾岩 | 8.0 | 垂直 34 | 6.9204 | 127.4043 | 4.7777 |
| 10 | 下盘角砾岩 | 3.0 | 垂直 20 | 7.5 | 101.358 | 3.8009 |
| 11 | 下盘角砾岩 | 1.9 | 垂直 29 | 2.2592 | 37.642 | 1.4116 |
| 12 | 下盘角砾岩 | 2.4 | 垂直 34 | 2.0761 | 38.2213 | 1.4333 |
| 13 | 下盘角砾岩 | 1.6 | 垂直 27 | 2.1948 | 35.0335 | 1.3138 |
| 14 | 下盘角砾岩 | 2.9 | 垂直 25 | 4.64 | 70.8194 | 2.6557 |
| 15 | 下盘角砾岩 | 1.6 | 垂直 28 | 2.0408 | 33.2895 | 1.2484 |
| 平均强度 | | | | | 44.24 | 1.66 |

注：点荷载实验（岩石未泡水）。实验设备：STDZ - 3 型数显点荷载仪。

### 4.1.4　岩石力学试验结果

　　岩石物理力学性质试验按中华人民共和国国家标准《工程岩体试验方法标准》（GB/T 50266—1999）进行，实验仪器精度经检定符合国家计量标准。物理力学试验实际完成情况见表 4 - 6。

**表 4 - 6　物理力学试验实际完成情况**

| 类　别 | 实验项目 | 状态 | 组数 | 件数 | 实验方法 |
|--------|----------|------|------|------|----------|
| 岩石物理力学<br>性质实验 | 单轴抗压强度 | 烘干 | 2 | 6 | 单轴压缩 |
| | | 饱和 | 1 | 3 | |
| | 抗拉强度 | 烘干 | 2 | 6 | 劈裂法 |
| | | 饱和 | — | — | |
| | 弹性模量及泊松比 | 烘干 | 2 | 6 | 单轴压缩变形 |
| | | 饱和 | — | — | |
| | 密度 | 烘干 | 2 | 6 | |
| | | 饱和 | — | — | |
| 合　计 | — | — | 30 | 90 | |

#### 4.1.4.1 单轴抗压强度

用岩块制成长×宽×高为 50mm×50mm×50mm 的试样。抗压强度值用压坏标准试样的峰值载荷求得，分干燥和饱水两种含水量状态进行试验。单轴抗压强度测试结果见表4-7。

表4-7 单轴抗压强度测试结果

| 岩 性 | 干燥抗压强度/MPa | 饱水抗压强度/MPa |
|---|---|---|
| 铅锌矿体 | 103.53 | 58.54 |
| 红泥岩 | 36.22 | 遇水解体 |

#### 4.1.4.2 抗拉强度

采用间接拉伸法之一的劈裂法，试样尺寸为长×宽×高为 50mm×50mm×50mm，沿径向施加相对线性荷载使试样沿径向引起拉应力而破坏，岩样劈开后一般成规则的两个半圆柱块。经计算，烘干状态下岩石的抗拉强度一般为抗压强度的5%～10%，劈裂法抗拉强度试验结果见表4-8。

表4-8 劈裂法抗拉强度试验结果

| 岩 性 | 抗拉强度/MPa | 与抗压强度之比 |
|---|---|---|
| 铅锌矿体 | 4.68 | 0.045 |
| 红泥岩 | 2.17 | 0.06 |

#### 4.1.4.3 弹性参数

用岩块制成长×宽×高为 50mm×50mm×50mm 的试样，试验加压用普通材料试验机，配置光线示波器记录某压力值下的纵向变形与横向应变值，每组样都做烘干和饱和状态下的试验。

#### 4.1.4.4 变形特征

所做岩石变形试验是采用万能材料试验机进行的。

(1) 应力 - 应变曲线总体来看为近直线型，大部分曲线从开始加载至岩石破坏没有发生弯曲，表明岩石近似弹性介质，呈突然脆性破坏。

(2) 部分岩样应力 - 应变曲线在低荷载下出现弯曲，反映这部分岩石微裂隙较多，出现受力后内部裂隙闭合阶段。

经过相关力学试验后得到各岩性的力学参数见表4-9。

表4-9 岩块力学性质试验成果

| 岩 性 | 平均容重 /g·cm⁻³ | 平均干燥抗压强度/MPa | 平均饱水抗压强度/MPa | 平均抗拉强度/MPa | 弹性模量/GPa | 泊松比 |
|---|---|---|---|---|---|---|
| 铅锌矿体 | 2.8 | 103.53 | 58.54 | 4.68 | 58.7 | 0.264 |
| 红泥岩 | 2.6 | 36.22 | — | 2.17 | 12.8 | 0.268 |

## 4.2   *RQD* 值的计算

体积节理数的估算方法如下：设图 4 - 1 所示岩体发育有三组节理，其间距分别为 $d_1$、$d_2$ 和 $d_3$，则其线密度分别为 $\lambda_1$、$\lambda_2$、$\lambda_3$。定义 $J_V$ 为体积节理数。

$$J_V = \lambda_1 + \lambda_2 + \lambda_3 \tag{4-7}$$

它以简单的方式考虑了岩体体积内发育的所有结构面。一般地，体积节理数是很容易计算出的。当结构面呈不规则分布时，在统计区内沿精测线统计结构面间距时，需要由一维变成三维。$J_V$ 等于每米结构面数乘以系数 $K$（$K = 1.65 \sim 3.0$，一般 $K = 2.5$），这样就把一维或二维的结构面量测通过系数 $K$ 转化成三维测量，从而获得体积节理数 $J_V$。

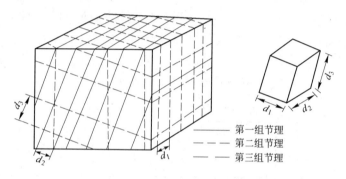

图 4 - 1   具有三组节理的方块图

体积节理计数 $J_V$ 与 *RQD* 之间在理论上的关系为

$$RQD = 115 - 3.3 J_V \tag{4-8}$$

并且规定：当 $J_V < 4.5$ 时，$RQD = 100$；当 $J_V > 35$ 时，$RQD = 0$。
计算结果列于表 4 - 10。

表 4 - 10   节理裂隙 *RQD* 值统计

| 序　号 | 岩　性 | *RQD* 值/% |
|---|---|---|
| 1 | 铅锌矿体 | 67.48 |
| 2 | 红泥岩 | 58.07 |
| 3 | 角砾岩 | 78.45 |
| 平　均 | | 68 |

## 4.3   矿岩质量分级

### 4.3.1   普氏分级法

普氏分级法是较长一段时期内常用的岩石分级方法，其分级原理是通过普氏

坚固性系数 $f$ 将岩石分为 10 级 15 种（表 4 – 11）。

表 4 – 11　普氏岩石分级

| 等级 | 坚固性程度 | 岩　石 | $f$ |
|---|---|---|---|
| I | 最坚固 | 最坚固、细致和有韧性的石英岩和玄武岩，其他各种特别坚固的岩石 | 20 |
| II | 很坚固 | 很坚固的花岗质岩石、石英斑岩，很坚固的花岗岩、矽卡片岩，比上一级较不坚固的石英岩，最坚固的砂岩和石灰岩 | 15 |
| III | 坚固 | 花岗岩（致密的）和花岗质岩石，很坚固的砂岩和石灰岩，石英质矿脉，坚固的砾岩，极坚固的铁矿 | 10 |
| IIIa | 坚固 | 石灰岩（坚固的），不坚固的花岗岩，坚固的砂岩，坚固的大理石和白云岩，黄铁矿 | 8 |
| IV | 较坚固 | 一般的砂岩、铁矿 | 6 |
| IVa | 较坚固 | 砂质页岩、页岩质砂岩 | 5 |
| V | 中等 | 坚固的黏土质岩石，不坚固的砂岩和石灰岩 | 4 |
| Va | 中等 | 各种页岩（不坚固的），致密的泥灰岩 | 3 |
| VI | 较软弱 | 较软弱的页岩，很软的石灰岩、岩盐、石膏、冻土、无烟煤、普通泥灰岩、破碎的砂岩、胶结砾石、石质土壤 | 2 |
| VIa | 较软弱 | 碎石质土壤、破碎的页岩、凝结成块的砾石和碎石、坚固的煤、硬化的黏土 | 1.5 |
| VII | 软弱 | 黏土（致密的）、软弱的烟煤、坚固的冲积层、黏土质土壤 | 1.0 |
| VIIa | 软弱 | 轻砂质黏土、黄土、砾石 | 0.8 |
| VIII | 土质岩石 | 腐殖土、泥煤、轻砂质土壤、湿砂 | 0.6 |
| IX | 松散性岩石 | 砂、山麓堆积、细砾石、松土、采下的煤 | 0.5 |
| X | 流沙性岩石 | 流沙、沼泽土壤、含水黄土及其他含水土壤 | 0.3 |

普氏坚固性系数的计算方式为

$$f = \frac{R_c}{10} \tag{4 – 9}$$

式中　　$R_c$——岩石的单轴抗压强度，MPa。

根据室内试验，得各岩性的普氏坚固性系数见表 4 – 12。从表 4 – 12 中可以看出，铅锌矿体在干燥的情况下属于较坚固的类型，红泥岩在干燥的情况下属于中等坚固类型。

表 4 – 12　普氏分类法岩体质量分类结果

| 岩 性 | 平均干燥抗压强度/MPa | 干燥状态普氏坚固性系数 $f$ | 干燥状态等级 | 平均饱水抗压强度/MPa | 饱水状态普氏坚固性系数 $f$ | 饱水状态等级 |
|---|---|---|---|---|---|---|
| 铅锌矿体 | 103.53 | 10.56 | Ⅲ | 58.54 | 5.97 | Ⅳa |
| 红泥岩 | 36.22 | 3.7 | Ⅴa | — | — | — |

## 4.3.2　RMR 分级法

　　根据岩体结构调查结果，并结合矿山所做岩石力学试验成果，采用南非科学和研究委员会（CSIR）的 Z. J. Bieniawski 提出的 RMR 分类方法（表 4 – 13、表 4 – 14），对待研究区域的矿岩稳定性进行分级。

表 4 – 13　岩体地质力学（RMR）分类参数及其评分值

| 分类参数 | | 数 值 范 围 | | | | | |
|---|---|---|---|---|---|---|---|
| 完整岩石强度/MPa | 点荷载强度指标 | >10 | 4~10 | 2~4 | 1~2 | 对强度较低的岩石宜用单轴抗压强度 | |
| | 单轴抗压强度 | >250 | 100~250 | 50~100 | 25~50 | 5~25 | 1~5 | <1 |
| | 评分值 | 15 | 12 | 7 | 4 | 2 | 1 | 0 |
| 岩芯质量指标 RQD/% | | 90~100 | 75~90 | 50~75 | 25~50 | <25 | |
| 评分值 | | 20 | 17 | 13 | 8 | 3 | |
| 节理间距/cm | | >200 | 60~200 | 20~60 | 6~20 | <6 | |
| 评分值 | | 20 | 15 | 10 | 8 | 5 | |
| 节理条件 | | 节理面很粗糙，节理不连续，节理宽度为零，节理面岩石坚硬 | 节理面稍粗糙，宽度小于 1mm，节理面岩石坚硬 | 节理面稍粗糙，宽度小于 1mm，节理面岩石较弱 | 节理面光滑或含厚度小于 5mm 的软弱夹层，张开度 1~5mm，节理连续 | 含厚度大于 5mm 的软弱夹层，张开度大于 5mm，节理连续 | |
| 评分值 | | 30 | 25 | 20 | 10 | 0 | |
| 地下水条件 | 每 10m 长的隧道涌水量/L·min⁻¹ | 0 | <10 | 10~25 | 25~125 | >125 | |
| | 节理水压力与最大主应力的比值 | 0 | 0.1 | 0.1~0.2 | 0.2~0.5 | >0.5 | |
| | 一般条件 | 完全干燥 | 潮湿 | 只有湿气（有裂隙水） | 中等水压 | 水的问题严重 | |
| | 评分值 | 15 | 10 | 7 | 4 | 0 | |

表 4-14 按总评分值确定的岩体级别及岩体质量评价

| 评 分 值 | 100~81 | 80~61 | 60~41 | 40~21 | <20 |
|---|---|---|---|---|---|
| 分级 | I | II | III | IV | V |
| 质量描述 | 非常好的岩体 | 好岩体 | 一般岩体 | 差岩体 | 非常差的岩体 |
| 平均稳定时间 | 15m 跨度,20a | 10m 跨度,1a | 5m 跨度,7d | 2.5m 跨度,10h | 1m 跨度,30min |
| 岩体黏聚力/kPa | >400 | 300~400 | 200~300 | 100~200 | <100 |
| 岩体内摩擦角 $\phi/(°)$ | >45 | 35~45 | 25~35 | 15~25 | <15 |

*RMR* 岩体分类法是根据岩体中五个实测参数和结构面的空间方位与开挖方向之间的相对关系所得评分值的代数和作为划分岩体等级的依据。其数学表达式为:

$$RMR = A + B + C + D + E + F \tag{4-10}$$

式中　$A$——完整岩石单向抗压强度的分级评分值;

　　　　$B$——岩石质量指标的分级评分值;

　　　　$C$——结构面间距的分级评分值;

　　　　$D$——结构面状态,包括结构面的粗糙度、宽度、开口度、充填物、连续性及结构面两壁岩石条件等的分级评分值;

　　　　$E$——地下水条件的分级评分值;

　　　　$F$——结构面走向和倾角对巷道开挖影响程度的评分值。

该方法采用打分法对岩体进行评价,根据所得评分值代数和的不同将岩体划分为五类。*RMR* 法条款简单明确,以实测参数为基础,考虑了影响岩体质量的诸多因素,在国内外获得了广泛的应用。

根据调查结果,经相关试验及计算,并对各相同岩性综合考虑后可得各岩性的 *RMR* 值及相应的评价等级 (表 4-15)。与普氏分级相比,两种方法的分级结果基本一致,铅锌矿体整体上属于一般岩体,红泥岩属于差的岩体。

表 4-15 矿岩质量分级

| 岩 性 | 分类参数分值 | | | | | | RMR 评分值 | 围岩分级 |
|---|---|---|---|---|---|---|---|---|
| | $A$ | $B$ | $C$ | $D$ | $E$ | $F$ | | |
| 铅锌矿体 | 10 | 12 | 8 | 15 | 6 | -5 | 46 | III |
| 红泥岩 | 4 | 11 | 8 | 8 | 10 | -6 | 35 | IV |

## 4.4 岩体力学参数确定

实验室中制备的矿 (岩) 样品,虽然采自现场,但样品是一块完整性较好的岩块，不含或极少含有天然岩体所特有的软弱结构面，不能完全代表天然岩体的力学特性，因此，由实验室测得的力学参数需要按一定比例折减，才能应用于天然岩体中。

从理论上研究岩石和岩体的力学参数之间的关系是一个较难的课题，许多岩石力学工作者正在进行这方面的研究。通常人们大多是根据自己的工程经验或借鉴其他资料进行参数的折减，这样做无疑带有很大的随意性，影响后续分析结果的正确性、合理性，而 Hoek-Brown 经验方程是比较好的、也是较流行的岩体 – 岩石力学关系确定方法。

Hoek 和 Brown 根据岩体性质的理论与实践经验，用试验法导出了岩块和岩体破坏时主应力之间的关系为

$$\sigma_1 = \sigma_3 + \sqrt{m\sigma_c\sigma_3 + s\sigma_c^2} \tag{4-11}$$

式中　　$\sigma_1$——破坏时的最大主应力；

　　　　$\sigma_3$——作用在岩石试样上的最小主应力；

　　　　$\sigma_c$——岩块的单轴抗压强度；

　　$m$，$s$——分别为与岩性及结构面情况有关的常数：

$$\left. \begin{array}{l} m = m_i \exp\left(\dfrac{RMR - 100}{28 - 14D}\right) \\[2mm] s = \exp\left(\dfrac{RMR - 100}{9 - 3D}\right) \end{array} \right\} \tag{4-12}$$

式中　　$D$——表征岩体的受扰动程度的参数，取值为 $0 \sim 1$，0 代表未扰动状态；

　　　　$m_i$——完整岩石的 Hoek-Brown 常数，可通过室内试验得出，也可通过类比法确定，可参见表 4 – 16 来选取。

表 4 – 16　完整岩体质量和经验常数之间关系

| 岩体状况 | 具有很好结晶解理的碳酸盐类岩石，如白云岩、灰岩、大理岩 | 成岩的黏土质岩石，如泥岩、粉砂岩、页岩、板岩（垂直于板理） | 强烈结晶，结晶解理不发育的砂质岩石，如砂岩、石英岩 | 细粒、多矿物结晶岩浆岩，如安山岩、辉绿岩、玄武岩、流纹岩 | 粗粒、多矿物结晶岩浆岩和变质岩，如角闪岩、辉长岩、片麻岩、花岗岩、石英闪长岩等 |
|---|---|---|---|---|---|
| 完整岩块试件，实验室试件尺寸，无节理，$RMR = 100$，$Q = 500$ | $m = 7.0$<br>$s = 1.0$<br>$A = 0.816$<br>$B = 0.658$<br>$T = -0.140$ | $m = 10.0$<br>$s = 1.0$<br>$A = 0.918$<br>$B = 0.677$<br>$T = -0.099$ | $m = 15.0$<br>$s = 1.0$<br>$A = 1.044$<br>$B = 0.692$<br>$T = -0.067$ | $m = 17.0$<br>$s = 1.0$<br>$A = 1.086$<br>$B = 0.696$<br>$T = -0.059$ | $m = 25.0$<br>$s = 1.0$<br>$A = 1.220$<br>$B = 0.705$<br>$T = -0.040$ |
| 非常好质量岩体，紧密互锁，未扰动，未风化岩体，节理间距 3m 左右，$RMR = 85$，$Q = 100$ | $m = 3.5$<br>$s = 0.1$<br>$A = 0.651$<br>$B = 0.679$<br>$T = -0.028$ | $m = 5.0$<br>$s = 0.1$<br>$A = 0.739$<br>$B = 0.692$<br>$T = -0.020$ | $m = 7.5$<br>$s = 0.1$<br>$A = 0.848$<br>$B = 0.702$<br>$T = -0.013$ | $m = 8.5$<br>$s = 0.1$<br>$A = 0.883$<br>$B = 0.705$<br>$T = -0.012$ | $m = 12.5$<br>$s = 0.1$<br>$A = 0.998$<br>$B = 0.712$<br>$T = -0.008$ |

续表 4 - 16

| 岩体状况 | 具有很好结晶解理的碳酸盐类岩石,如白云岩、灰岩、大理岩 | 成岩的黏土质岩石,如泥岩、粉砂岩、页岩、板岩(垂直于板理) | 强烈结晶,结晶解理不发育的砂质岩石,如砂岩、石英岩 | 细粒、多矿物结晶岩浆岩,如安山岩、辉绿岩、玄武岩、流纹岩 | 粗粒、多矿物结晶岩浆岩和变质岩,如角闪岩、辉长岩、片麻岩、花岗岩、石英闪长岩等 |
|---|---|---|---|---|---|
| 好的质量岩体,新鲜至轻微风化,轻微构造变化岩体,节理间距 1 ~ 3m 左右,$RMR = 65$,$Q = 10$ | $m = 0.7$<br>$s = 0.004$<br>$A = 0.369$<br>$B = 0.669$<br>$T = -0.006$ | $m = 1.0$<br>$s = 0.004$<br>$A = 0.427$<br>$B = 0.683$<br>$T = -0.004$ | $m = 1.5$<br>$s = 0.004$<br>$A = 0.501$<br>$B = 0.695$<br>$T = -0.003$ | $m = 1.7$<br>$s = 0.004$<br>$A = 0.525$<br>$B = 0.698$<br>$T = -0.002$ | $m = 2.5$<br>$s = 0.004$<br>$A = 0.603$<br>$B = 0.707$<br>$T = -0.002$ |
| 中等质量岩体,中等风化,岩体中发育有几组节理,间距为 0.3 ~ 1m 左右,$RMR = 44$,$Q = 1$ | $m = 0.14$<br>$s = 0.0001$<br>$A = 0.198$<br>$B = 0.662$<br>$T = -0.0007$ | $m = 0.20$<br>$s = 0.0001$<br>$A = 0.234$<br>$B = 0.675$<br>$T = -0.0005$ | $m = 0.30$<br>$s = 0.0001$<br>$A = 0.280$<br>$B = 0.688$<br>$T = -0.0003$ | $m = 0.34$<br>$s = 0.0001$<br>$A = 0.295$<br>$B = 0.691$<br>$T = -0.0003$ | $m = 0.5$<br>$s = 0.0001$<br>$A = 0.346$<br>$B = 0.700$<br>$T = -0.0002$ |
| 坏质量岩体,大量风化节理,间距 30 ~ 500mm,并含有一些夹泥 $RMR = 23$,$Q = 0.1$ | $m = 0.04$<br>$s = 0.00001$<br>$A = 0.115$<br>$B = 0.646$<br>$T = -0.0002$ | $m = 0.05$<br>$s = 0.00001$<br>$A = 0.129$<br>$B = 0.655$<br>$T = -0.0002$ | $m = 0.08$<br>$s = 0.00001$<br>$A = 0.162$<br>$B = 0.672$<br>$T = -0.0001$ | $m = 0.09$<br>$s = 0.00001$<br>$A = 0.172$<br>$B = 0.676$<br>$T = -0.0001$ | $m = 0.13$<br>$s = 0.00001$<br>$A = 0.203$<br>$B = 0.686$<br>$T = -0.0001$ |
| 非常坏质量岩体,具大量严重风化节理,间距小于 50mm 充填夹泥,$RMR = 3$,$Q = 0.01$ | $m = 0.007$<br>$s = 0$<br>$A = 0.042$<br>$B = 0.534$<br>$T = 0$ | $m = 0.010$<br>$s = 0$<br>$A = 0.050$<br>$B = 0.539$<br>$T = 0$ | $m = 0.015$<br>$s = 0$<br>$A = 0.061$<br>$B = 0.546$<br>$T = 0$ | $m = 0.017$<br>$s = 0$<br>$A = 0.065$<br>$B = 0.548$<br>$T = 0$ | $m = 0.025$<br>$s = 0$<br>$A = 0.078$<br>$B = 0.556$<br>$T = 0$ |

注：$Q$—岩体质量指标；$A$,$B$,$T$—与岩性及结构面情况有关的常数,根据岩体性质查表确定。

因此,根据室内岩石力学试验结果,及根据公式(4 - 12)获得的 $m$、$s$ 值,便可利用 Hoek-Brown 提供的经验公式给出岩体力学的相关参数。

本书分别列出了在扰动程度 $D = 0.5$、$D = 0.6$ 和 $D = 0.7$ 及其相对应的不同 $m_i$ 值的情况下,所得出的岩体力学参数。

(1)岩体单轴抗压强度。由式(4 - 11),令 $\sigma_3 = 0$,可得岩体的单轴抗压强度

$$\sigma_{mc} = \sigma_c \sqrt{s} \qquad (4 - 13)$$

对于完整岩石,$s = 1$,则 $\sigma_{mc} = \sigma_c$,即为岩块抗压强度;对于裂隙岩石,$s < 1$。

(2)岩体单轴抗拉强度。将 $\sigma_1 = 0$ 代入式(4 - 11)中,并对 $\sigma_3$ 求解二次方程,可解得岩体的单轴抗拉强度为

$$\sigma_{mt} = \frac{1}{2}\sigma_c(m - \sqrt{m^2 + 4s}) \tag{4-14}$$

（3）岩体变形模量。

$$E_m = \left(1 - \frac{D}{2}\right)\sqrt{\frac{\sigma_c}{100}}10^{\frac{RMR-10}{40}} \quad (\sigma_c \leqslant 100\text{MPa}) \tag{4-15a}$$

$$E_m = \left(1 - \frac{D}{2}\right)10^{\frac{RMR-10}{40}} \quad (\sigma_c > 100\text{MPa}) \tag{4-15b}$$

（4）岩体抗剪参数。破裂面上的正应力 $\sigma$ 和剪应力 $\tau$ 为

$$\sigma = \sigma_3 + \frac{\tau_m^2}{\tau_m + \frac{m\sigma_c}{8}}$$

$$\tau = (\sigma - \sigma_3)\sqrt{1 + \frac{m\sigma_c}{4\tau_m}} \tag{4-16}$$

$$\tau_m = (\sigma_1 - \sigma_3)/2$$

将相应的 $\sigma_1$ 和 $\sigma_3$ 代入式（4-16）就能在 $\tau - \sigma$ 平面上得到莫尔包络线上 $\sigma$ 与 $\tau$ 的关系点坐标。由于岩体的抗剪强度，尤其是扰动岩体的抗剪强度多为非线性关系，故 Hoek 提出了非线性关系式

$$\tau = A\sigma_c(\sigma/\sigma_c - T)^B \tag{4-17}$$

式中　$A$，$B$——待定常数。

改写上述方程，则变换为

$$y = ax + b \tag{4-18}$$

$$y = \ln\left(\frac{\tau}{\sigma_c}\right)$$

$$x = \ln\left(\frac{\sigma}{\sigma_c} - T\right)$$

$$a = B$$

$$b = \ln A$$

$$T = \frac{1}{2}(m - \sqrt{m^2 + 4s})$$

常数 $A$ 与 $B$ 可由最小二乘法线性回归确定

$$\ln A = \sum y/n - B(\sum x/n) \tag{4-19}$$

$$B = \frac{\sum xy - \dfrac{\sum x \sum y}{n}}{\sum x^2 - \dfrac{(\sum x)^2}{n}} \tag{4-20}$$

拟合相关系数

$$r^2 = \frac{\left[\sum xy - (\sum x \sum y)/n\right]^2}{\left[\sum x^2 - (\sum x)^2/n\right]\left[\sum y^2 - (\sum y)^2/n\right]} \qquad (4-21)$$

由式（4-17）可知，当 $\sigma = 0$ 时，$\tau = C_m$，则岩体的凝聚力为

$$C_m = A\sigma_c(-T)^B \qquad (4-22)$$

为了表征岩体非线性破坏的总体（或平均）内摩擦角 $\phi$ 为

$$\phi = \arctan\left(\frac{\overline{\tau} - C_m}{\overline{\sigma}}\right) \qquad (4-23)$$

由表 4-15 的岩体质量分级结果，根据式（4-11）~式（4-23）计算出的岩体力学参数见表 4-17。表 4-17 可供工程设计及岩体稳定性计算模拟作为参考。

表 4-17 岩体力学参数计算结果

| 岩性 | RMR | D | $m_i$ | 单轴抗压强度/MPa | 单轴抗拉强度/MPa | 弹性模量/GPa | 黏聚力 C/MPa | 内摩擦角 $\phi$/(°) |
|---|---|---|---|---|---|---|---|---|
| 铅锌矿体 | 47 | 0.5 | 6 | 2.8288 | 0.16796 | 6.062 | 0.4692 | 27.28 |
| | | | 7 | 2.8288 | 0.14410 | 6.062 | 0.4362 | 28.6 |
| | | | 8 | 2.8288 | 0.12617 | 6.062 | 0.4091 | 29.73 |
| | | | 8.5 | 2.8288 | 0.11877 | 6.062 | 0.3971 | 30.25 |
| | | | 9 | 2.8288 | 0.11219 | 6.062 | 0.3863 | 30.74 |
| | | | 10 | 2.8288 | 0.10101 | 6.062 | 0.3666 | 31.64 |
| | | 0.6 | 6 | 2.4348 | 0.14948 | 5.657 | 0.4130 | 25.91 |
| | | | 7 | 2.4348 | 0.12826 | 5.657 | 0.3841 | 27.19 |
| | | | 8 | 2.4348 | 0.11230 | 5.657 | 0.3601 | 28.31 |
| | | | 8.5 | 2.4348 | 0.10572 | 5.657 | 0.3497 | 28.82 |
| | | | 9 | 2.4348 | 0.09986 | 5.657 | 0.3401 | 29.3 |
| | | | 10 | 2.4348 | 0.08991 | 5.657 | 0.3227 | 30.2 |
| | | 0.7 | 6 | 2.0685 | 0.13331 | 5.253 | 0.3614 | 24.35 |
| | | | 7 | 2.0685 | 0.11439 | 5.253 | 0.3362 | 25.6 |
| | | | 8 | 2.0685 | 0.10016 | 5.253 | 0.3154 | 26.7 |
| | | | 8.5 | 2.0685 | 0.09429 | 5.253 | 0.3063 | 27.2 |
| | | | 9 | 2.0685 | 0.08907 | 5.253 | 0.2979 | 27.66 |
| | | | 10 | 2.0685 | 0.0802 | 5.253 | 0.2828 | 28.54 |

| 岩性 | RMR | D | $m_i$ | 单轴抗压强度/MPa | 单轴抗拉强度/MPa | 弹性模量/GPa | 黏聚力 C/MPa | 内摩擦角 $\phi$/(°) |
|---|---|---|---|---|---|---|---|---|
| 红泥岩 | 37 | 0.5 | 4 | 0.47534 | 0.034276 | 3.163 | 0.08356 | 20.76 |
| | | | 4.5 | 0.47534 | 0.03050 | 3.163 | 0.07908 | 21.63 |
| | | | 5 | 0.47534 | 0.02747 | 3.163 | 0.07521 | 22.42 |
| | | | 5.5 | 0.47534 | 0.02499 | 3.163 | 0.07183 | 23.14 |
| | | | 6 | 0.47534 | 0.02292 | 3.163 | 0.06884 | 23.81 |
| | | | 7 | 0.47534 | 0.01966 | 3.163 | 0.06382 | 25 |
| | | 0.6 | 4 | 0.39682 | 0.02978 | 2.952 | 0.07126 | 19.31 |
| | | | 4.5 | 0.39682 | 0.02651 | 2.952 | 0.06750 | 20.14 |
| | | | 5 | 0.39682 | 0.02387 | 2.952 | 0.06420 | 20.9 |
| | | | 5.5 | 0.39682 | 0.02172 | 2.952 | 0.06136 | 21.6 |
| | | | 6 | 0.39682 | 0.01992 | 2.952 | 0.05881 | 22.24 |
| | | | 7 | 0.39682 | 0.01708 | 2.952 | 0.05454 | 23.4 |
| | | 0.7 | 4 | 0.32611 | 0.02594 | 2.741 | 0.06037 | 17.69 |
| | | | 4.5 | 0.32611 | 0.02309 | 2.741 | 0.05722 | 18.48 |
| | | | 5 | 0.32611 | 0.02080 | 2.741 | 0.05443 | 19.2 |
| | | | 5.5 | 0.32611 | 0.01892 | 2.741 | 0.05204 | 19.86 |
| | | | 6 | 0.32611 | 0.01736 | 2.741 | 0.04991 | 20.48 |
| | | | 7 | 0.32611 | 0.01489 | 2.741 | 0.04630 | 21.6 |

在运用多种方法进行折减，并参考相关经验公式，最后根据大量、反复的试算确定了最终的矿岩体力学参数，见表 4 – 18。

**表 4 – 18　矿岩物理力学性质试验结果**

| 岩性 | 密度/g·cm⁻³ | 弹性模量/GPa | 泊松比 $\mu$ | 抗拉强度/MPa | 黏聚力/MPa | 内摩擦角 $\phi$/(°) |
|---|---|---|---|---|---|---|
| 红泥岩 | 2.52 | 1.28 | 0.268 | 0.76 | 0.23 | 20 |
| 矿体 | 2.77 | 5.87 | 0.264 | 1.2 | 0.86 | 35 |
| 角砾岩 | 2.846 | 3.76 | 0.272 | 1.18 | 0.83 | 38 |

# 5 缓倾斜、倾斜~中厚、厚矿体 采矿方法选择

## 5.1 矿床的赋存条件

矿体主要赋存于 $F_2$ 断层上、下盘的景星组下段、云龙组上段，为以热卤水成矿为主的多成因的层控铅锌矿床。矿体受 $F_2$ 断层控制构成一个 S 形的扭曲面，因而矿体倾角变化大，从缓倾斜、倾斜到急倾斜都有，矿体厚从薄矿体、中厚矿体到厚矿体都有。在开采范围内：16 线 ~20 线矿体倾斜、急倾斜矿体，平均倾角 65°，矿体平均厚度 8m；16 线 ~12 线之间矿体属缓倾、倾斜矿体，平均倾角 40°，矿体平均厚度 15m；12 线以北矿体平均倾角 35°，厚度 8.5m。

矿区属于单斜蓄水构造，由含矿层景星组（$K_1j^1$）、底板云龙组（$Eyb_2$）含水组及顶板花开左组（$J_2h^{1-5}$）隔水层组成。大气降水是单斜蓄水构造的补给源，地表河流南大沟自东向西横穿矿区，水文地质条件相对比较复杂。

含矿层为景星组（$K_1j^1$），其总体走向北东，倾向北西。产状上部缓下部陡。岩石致密坚硬，为石英细粒砂岩，岩体系块状结构，在未受到风化和构造影响的情况下该层属中等稳固程度。矿体直接顶板为花开组（$J_2h^1$）软弱岩层，岩性为粉砂质泥岩，泥质粉砂岩互层，夹粉砂岩和细砂岩，力学强度低，岩体为层状碎裂结构，稳定性差。矿体底板为云龙组（$Eyb_2$），系坚硬岩层，为含石膏砂质角砾岩、细砂岩。顶部数米至十余米的岩体往往比较破碎，稳定性差。矿围岩物理力学参数见表 5－1。

表 5－1 矿岩力学参数

| 矿岩类别 | 体重/t·m$^{-3}$ | 松散系数 | 自然安息角/(°) | 湿度/% | 普氏硬度系数 |
| --- | --- | --- | --- | --- | --- |
| 矿石（$K_1j^1$） | 2.9 | 1.5 | 41 | 1.75 | 2~8 |
| 直接顶板（$J_2h^1$） | 2.8 | 1.4 | 42 | | <1~6 |
| 直接底板（$Eyb_2$） | 2.8 | 1.5 | 41 | | 1~8 |

区内地质构造复杂，断裂较为发育，有水平推覆断裂和南北向、东西向、北北东向等多组断裂。主推覆断层 $F_2$ 构成外来系统与原地系统两套地层的分界；南北向断层 $F_3$ 构成矿区西界；断层 $F_4$ 切穿穹隆中部，矿段东界。矿层同顶、底

板之间的接触关系均为大型软弱结构面，对矿体开采时稳定性极为不利。工程地质是属于较为复杂的工程地质条件。

典型勘探线剖面图如图 5-1 所示。

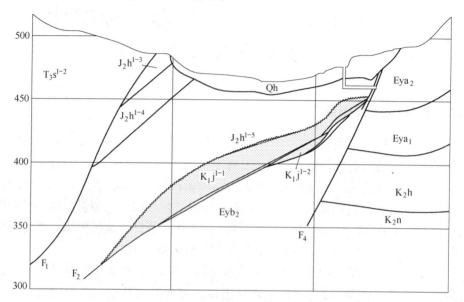

图 5-1　典型勘探线剖面图

## 5.2　原采矿方法及存在问题

矿区采矿建设规模为 21 万吨/a，设计采用平硐—盲斜井联合开拓方案。

在保安矿柱以北（16 线到 12 线之间）的缓倾斜到倾斜地段设计采用有底柱分段崩落法[63]，其矿体的平均倾角 40°左右，矿体平均铅垂厚约 20m。

原采矿方法在矿段中划分盘区进行回采，盘区沿走向划分，每个盘区沿走向布置四个矿块。盘区沿走向的长度 40m 左右，中段高度 40m。盘区中矿块长度 40m 左右，矿块宽度 12m 左右，矿块高度 20m 左右。由于采用崩落法开采，所以盘区之间和矿块之间均不留矿柱。

### 5.2.1　采准工作

采准工作是以盘区为单元进行脉外底盘采准，故在脉外底盘布置有：沿脉运输平巷、盘区装矿穿脉、人行材料通风斜井，通向电耙道的联络平巷以及矿块底部结构。

在这里应该特别指出的是：底部结构是该采矿方法的关键部位，如果在回采过程中底部结构遭到严重破坏，则会给矿块的出矿造成严重的困难或损失、贫化。因此必须重视底部结构的稳固性，使其在出矿过程中不遭到严重的破坏。特别是底板岩层不稳固，又有 $F_2$ 断层及其破碎带影响，这就要更加认真研究和重视底部结构的稳定性，使之建立在可靠的基础上。初步考虑，对电耙道和斗穿采用钢筋混凝土支护。

### 5.2.2 盘区回采工作

回采工作是以矿块为单元进行的，盘区内各矿块的回采顺序是由上而下进行的。该采矿方法设有单独的出矿矿块、凿岩矿块。因此凿岩、爆破和出矿之间互不干扰。该采矿方法的具体采矿工艺如下。

#### 5.2.2.1 落矿

落矿采用垂直层小补偿空间挤压爆破的落矿方案。

**A 凿岩**

回采凿岩采用 YGZ90 凿岩机，配环形凿岩台架打垂直扇形中深孔。其炮孔直径 60 ~ 65mm，孔深不大于 15m，排距 1.5m 左右，孔底距等于排距。拉槽孔采用垂直平行中深孔，其排距为落矿孔距的 0.7 ~ 0.8 倍，孔径 55 ~ 60mm 拉槽孔和扩漏孔均采用 YG40 凿岩机，配柱架进行凿岩。拉槽孔、扩漏孔和落矿孔，在爆破网路中同时起爆，只是在段数上，分出前后关系。落矿孔的穿孔速度为 25 ~ 30m/(台·班)，每米炮孔的崩矿量 5t 左右。

**B 爆破**

采用竖向拉槽的小补偿空间的挤压爆破方案。其补偿比应控制在 12% ~ 20% 之间（通过试验决定），该爆破方案有利于很好地控制爆破块度和保护底部结构。为减少矿块多次爆破对凿岩和炮孔的影响，一般情况下一个矿块一次落矿，或几个矿块同时落矿。爆破网路采用非电起爆网路。

#### 5.2.2.2 矿块放矿与出矿

在矿块实施爆破以后，首先进行全面的松动放矿，把底部结构中的废石放出，待达到出矿品位要求时则开始正常放矿。由于矿块是在覆盖岩层下放矿，所以要根据各矿块的出矿条件来确定合理的放矿顺序（从上到下，从底盘到顶盘）并确定合理的放矿制度（等量均匀顺序放矿、一次全量依次放矿）。按照所确定的放矿顺序，放矿制度编制各矿块的放矿图表。

该采矿方法的出矿，采用 30kW 电耙配 0.4m³ 耙斗，在电耙道中将矿石耙到矿块的端部溜井中，并在运输水平的装矿穿脉中通过振动放矿机将矿石装入矿车用电机车运到地表，矿块的合格出矿块度小于 500mm，大于 500mm 的块度在电耙道中进行二次破碎。

（1）覆盖层的形成及地压管理。矿体顶底板围岩均属不稳固的岩层。该采矿方法应采用自然冒落形成覆盖层。如果个别区段顶板岩体较稳固，则辅之以少量的钻孔爆破处理，覆盖层的厚度要大于分段高度，一般 15~20m 较为适宜，而其块度大于矿石块度为好，以避免产生早期贫化。

（2）矿块通风：新鲜风流经阶段运输平巷和穿脉装矿平巷→盘区的人行设备材料通风井→到各矿块联络平巷→各矿块的电耙道→前一个盘区的人行设备材料回风井→上阶段的回风平巷→排出地表。

矿块内电耙道的通风：要求风流方向与耙矿方向相反。其排尘风速要达到 0.5m/s 以上。

有底柱分段崩落法的标准图如图 5-2 所示。

该采矿方法主要存在问题：

（1）下盘岩体破碎，该采矿方法采准工程大多布置在下盘，难以实现；

（2）矿石损失贫化控制难度大。

## 5.3　采矿方法初选

由勘探线剖面图（图 5-1）可知，矿体倾角、厚度在垂直方向、沿走向变化较大，矿体的水文地质条件和工程地质条件都较复杂。矿体在未风化时属中等稳固，而顶板围岩、底板近矿围岩均属不稳固岩体。矿石所含金属的价值和品位都不高。350m 以上矿体划分为 3 个区段，即 12 线以北倾斜中厚矿体，12 线~16 线缓倾、倾斜矿体，16 线~20 线倾斜、急倾斜矿体。

矿区铅锌资源是以铅为主，锌次之，但铅锌品位都不高，北采区开采范围岩不含品位，因此要控制贫化特别是顶板含泥岩石的混入。

### 5.3.1　倾斜、急倾斜中厚矿体

16 线~20 线倾斜、急倾斜中厚矿体，矿体平均倾角 65°左右，平均水平厚度 8m 左右。矿体中等稳固，上下盘围岩均不稳固，地表允许崩落。

由于上下盘围岩均不稳固，不宜采用空场采矿方法；矿石品位和价值较低，且矿山没有充填系统，也不宜采用充填采矿法，而适合采用崩落采矿方法。矿体为一急倾斜中厚矿体，不适合采用阶段崩落法，结合矿山工艺装备水平，选用有底柱分段崩落法较为适宜。

该法按分段自上而下逐个进行回采。为解决顶板岩石软弱破碎、冒落后造成矿石贫化大等问题，留 2~3m 矿石作护顶层，强制崩落后，在空场或隔离层下放矿，形成一定面积空场后，护顶层自然冒落。为减少矿石损失，采准工程应尽量布置在矿体下盘，由于下盘稳固性较差，需加强支护。有底柱分段崩落法如图 5-3 所示。

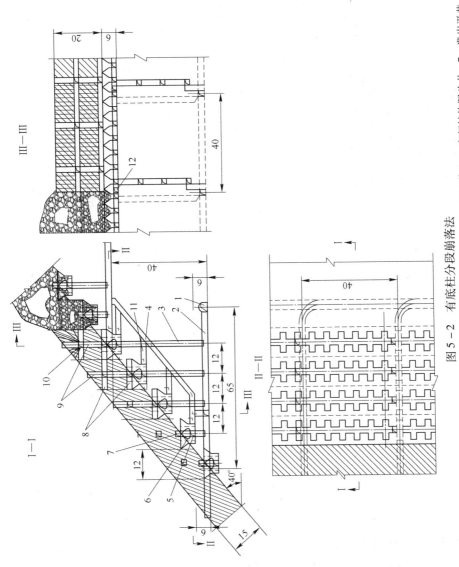

图 5 - 2　有底柱分段崩落法

1—阶段运输平巷；2—装矿穿脉；3—矿块出矿小井；4—人行材料通风斜井；5—电耙道；6—底部结构漏斗井；7—凿岩平巷；8—切割平巷；9—切割天井；10—炮孔；11—人行、通风联络平巷；12—电耙绞车硐室

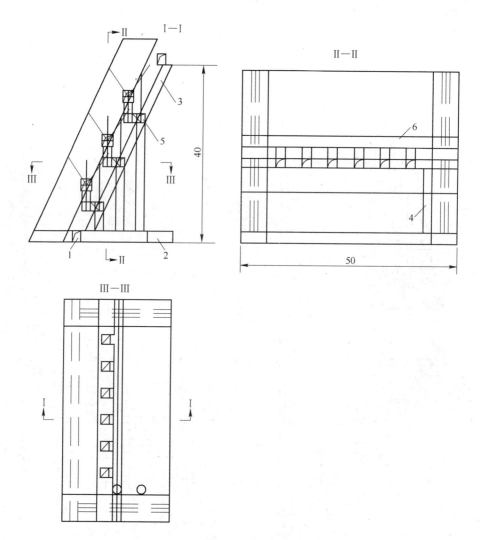

图 5-3　有底柱分段崩落法示意图

1—阶段沿脉运输巷道；2—阶段穿脉运输巷道；3—行人通风上山；4—矿石溜井；
5—耙矿巷道；6—堑沟巷道

### 5.3.1.1　矿块布置和结构参数

矿块沿走向布置。阶段高度 35~40m，分段高度约 10m，分段底柱 6~7m；矿块尺寸以电耙道为单元进行划分，矿块长 40~45m（耙运距离以 30m 为宜）。电耙道布置于下盘脉外，电耙巷道规格 2m×2m，支护形式锚喷（浇灌）混凝土。采用单侧堑沟漏斗（普通漏斗）电耙出矿形式。底部结构布置在矿体的下盘。斗穿规格 2m×2m，漏斗颈规格 2m×2m。漏斗间距 5~7m。

### 5.3.1.2 采准工作

下盘脉外采准布置，即出矿、行人、通风和运送材料等采准工程都布置于下盘脉外。阶段运输为穿脉装车的环形（折返）运输系统。低分段采用独立垂直放矿溜井，上两个高分段用的是倾斜分支放矿溜井。

考虑下盘围岩破碎，尽量将采准工程布置在较稳固的角砾岩和矿体中。每个矿块设置一套行人、通风和运送材料设备的天井（上山），用联络巷道与各分段的电耙巷道贯通。

局部下盘破碎区段，若布置采准工程困难，可采用留间柱方案，沿走向划分为若干盘区，人行上山等采准工程可布置在间柱中，以保证回采作业安全。

### 5.3.1.3 切割工作

开掘切割立槽，可采用"丁"字形拉槽法或浅孔拉槽法。

### 5.3.1.4 回采工作

单翼后退式回采，垂直中深孔落矿挤压爆破。

## 5.3.2 倾斜中厚矿体

12线以北矿体平均厚度8.5m，平均倾角35°。矿体较稳固，矿体顶板为$J_2h^{1-5}$地层：下部为紫红色粉砂质泥岩、泥质粉砂岩及细砂岩。上部为紫红色泥岩、泥质粉砂岩互层。该层遇水变软，稳固性差；矿体下盘为$F_2$断裂带，再往下为原地系统之云龙组$Eyb_2$地层：由陆源碎屑岩构成的浅灰色与棕红色细砂岩、粉砂岩及泥质粉砂岩。该层成岩性及稳固性均较差。

### 5.3.2.1 方案比较

根据采场结构、顶板管理方式及溜矿井的布置，可分为以下几个方案：

（1）方案一：有耙运底部结构的分段空场（矿房）法（图5-4）。底部结构（普通漏斗等）布置在下盘围岩中。分成三个分段进行回采，分段高度10m，分段间留3.5m斜顶柱，分段设4m间柱和隔离矿柱，将分段分成三个矿房，矿房长轴沿走向布置。由于顶板岩石破碎，留3.5~5m厚矿石作护顶层。

（2）方案二：无底部结构的分段空场法（图5-5）。超前切顶（预控顶）锚网护顶，沿矿体底板垂直走向布置溜槽（井）。分成四个分段进行回采，分段间留3.5m矿柱（斜顶柱）。为解决顶板岩石破碎、矿石贫化大等问题，采用超前切顶（预控顶）锚网护顶，浅孔或中深孔落矿，空场下出矿，分段矿石经采场耙矿巷道耙运至溜槽，然后借自重或电耙辅助耙运到2380m阶段运输巷道。

（3）方案三：留护顶矿石层的分段空场法（图5-6）。采区和矿块布置同方案二。分段上部不切顶，而是留3~5m厚矿石层作护顶层，矿体不稳固区域

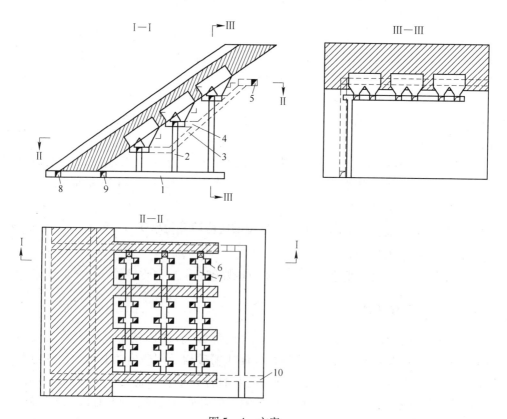

图 5 - 4　方案一

1—穿脉运输巷道；2—分段溜井；3—人行材料通风井；4—分段联络平巷；5—下盘沿脉；
6—斗穿；7—分段电耙道；8—上盘沿脉；9—下阶段沿脉；10—总回风斜井

可采用长锚索进行加固。采准工作量 3.93m/kt。

　　（4）方案四：无底部结构、超前切顶（预控顶）锚网护顶的分段空场法（图 5 -7）。矿块布置同方案二。伪倾斜布置溜矿井，其倾角 25°。矿石回采率 84.21%，采准工作量 4.8m/kt。

　　（5）方案五：伪倾斜布置采场的分段空场法（图 5 -8）。采区沿走向布置，分成四个采场进行回采，采场间留 4m 间柱，超前切顶（预控顶）锚网护顶或留矿石护顶层，空场下采矿。采准工作量 6.4m/kt。

　　现对上述方案进行初步技术经济分析比较：

　　（1）方案一将大部分采准工程布置在破碎的下盘岩石中，施工困难，支护成本高，采场准备时间长，留顶柱和间柱，矿石损失大，从现场施工情况来说，此方案不宜采用。

　　（2）方案二将采切工程全部布置在较稳固的矿石中，采用超前切顶（预控

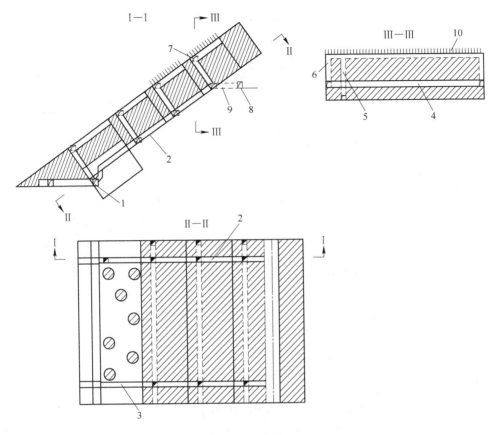

图 5-5 方案二

1—沿脉运输平巷；2—溜矿井；3—人行材料通风井；4—采场耙矿巷道；5—切顶出矿溜井；
6—切顶人行天井；7—切顶巷道；8—上阶段下盘平巷；9—回风联络道；10—护顶锚网

顶）锚网护顶，损失贫化小；但切顶和护顶工艺较复杂，溜槽倾角小于矿石自然安息角，矿石运搬较困难。

（3）方案三基本和方案二相同，区别是采用长锚索对矿体和顶板进行加固，留约 3.5m 厚矿石作护顶层，减少了切顶工艺，但降低了矿石回采率，长锚索护顶是该方案使用的关键。

（4）方案四和方案二基本相同，区别是伪倾斜布置溜井，缺点是溜井耙运距离长（82m），2、3 分段溜井在采场中间，耙运困难。

（5）方案五伪倾斜布置采场，耙运距离大（82m），顶底角矿石回采难度大，矿石损失率较大，采准工程量较大。

经综合分析比较，推荐方案四，即无底部结构、超前切顶（预控顶）锚网护顶的分段空场法为首选方案，方案二、三为备选方案。

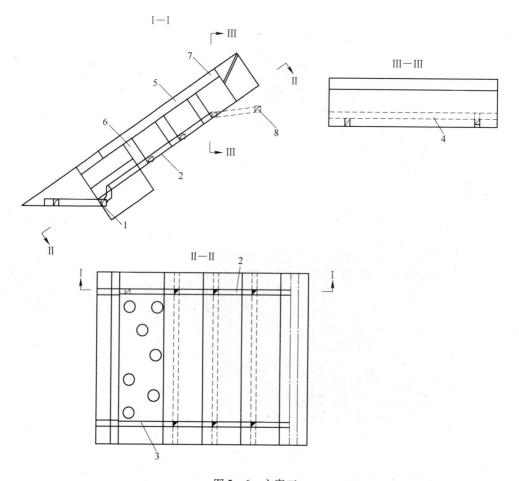

图 5－6　方案三

1—沿脉运输平巷；2—溜矿井；3—人行材料通风井；4—采场耙矿巷道；5—护顶矿石层；
6—分段隔离矿柱；7—上阶段下盘沿脉；8—回风联络道

### 5.3.2.2　无底部结构、超前切顶（预控顶）锚网护顶的分段空场采矿法

#### A　结构参数

在每个分段水平上布置矿房和矿柱，各分段采下的矿石分别从各分段的出矿巷道耙至溜矿井，二次耙运到阶段运输巷道。

沿矿体底板垂直走向布置溜槽（井）。分成四个分段进行回采，分段高度10m。分段再划分为矿房和矿柱，矿房长轴沿矿体走向布置，分段间留3.5m矿柱（斜顶柱）、间柱。为解决顶板岩石破碎、矿石贫化大问题，采用超前切顶（预控顶）锚网护顶，浅孔或中深孔落矿，空场下出矿，分段矿石经采场耙矿巷道耙运至溜槽，然后借自重或电耙辅助耙运到阶段运输巷道。

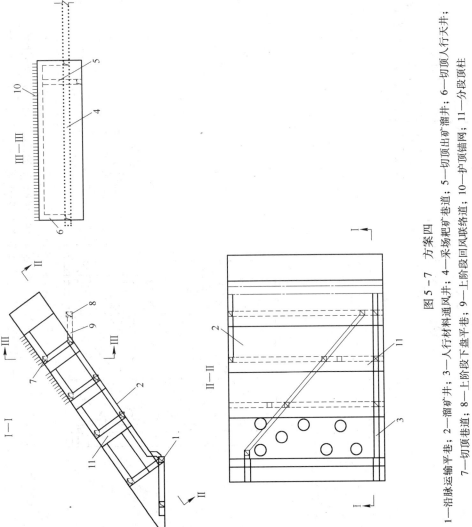

图 5-7 方案四

1—沿脉运输平巷;2—溜矿井;3—人行材料通风井;4—采场耙矿巷道;5—切顶出矿溜井;6—切顶人行天井;7—切顶巷道;8—上阶段下盘平巷;9—上阶段回风联络道;10—护顶锚网;11—分段顶柱;

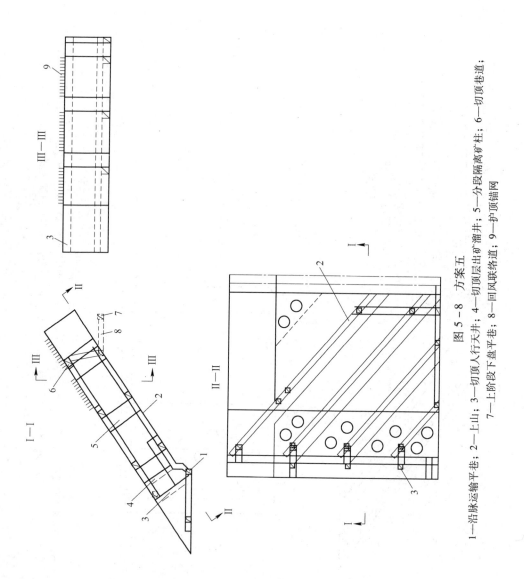

图 5 - 8　方案五

1—沿脉运输平巷；2—上山；3—切顶人行天井；4—切顶层出矿溜井；5—分段隔离矿柱；6—切顶巷道；
7—上阶段下盘平巷；8—回风联络道；9—护顶锚网

盘（采）区沿倾斜方向划分为 3～4 个采场（矿块）。采场沿走向布置。矿房长轴沿矿体走向布置。分段高度。采场宽度，矿房跨度，隔离矿柱 4m。

B　采准切割

该方法的采准切割工程有：人行通风井、溜矿井、分段耙矿巷道、切顶出矿溜井、切顶人行天井、切顶巷道、切顶上山。

上述各巷道的施工顺序是：首先从阶段运输巷道掘进溜矿井和人行材料通风井，随后施工掘进各分段采场耙矿巷道。

在每个分段水平上，从采场耙矿巷道向上掘进切顶出矿溜井和切顶人行天井，在分段上部掘进切顶巷道，端部有回风联络道与上阶段回风联络道相通。

切顶层溜矿井兼作矿房回采时的切割天井。

C　切顶、护顶工作

由切顶巷道自端部向溜矿井方向后退沿采场全宽呈拱形切顶，随着切顶的推进及时用锚杆和金属网护顶。

D　回采工作

厚度 8.5m 以下矿体采用浅孔落矿方式。在矿房下端，以耙矿巷道为崩矿自由面，进行拉底，拉底高度为 2.5m。当采场拉底结束后，分层回采，分层高度 2m。每次崩矿后出三分之一，在矿堆上作业，最后再大量出矿。

厚度 8.5m 以上矿体可采用中深孔落矿方式。垂直于耙矿巷道在矿房端部（远离溜矿井一端）开切切割槽，在耙矿巷道打垂直于矿体走向的扇形中深孔，侧向挤压或空场崩矿，崩落的矿石用电耙在顶柱和顶盘的保护下耙到溜矿井。

落矿后用电耙运搬至溜矿井，再通过重力或电耙倒运至阶段水平装车。

整个矿块从上往下逐分段回采，每个分段从远而近（以溜矿井为准）回采。

采场通风：新鲜风流自人行通风井进入到各个分段，经分段回风井和回风联络道进入上阶段回风巷道。

矿柱不回收，顶板破碎，让其自然冒落。

工程规格参数设计：

（1）下盘沿脉巷道：2.2m×2.5m；

（2）电耙道：2m×2.2m；

（3）溜井：2.2m×2.2m；

（4）人行通风联络道：2m×2.2m；

（5）阶段运输穿脉：2.4m×2.7m；

（6）人行材料通风井：2m×2.2m。

分段切顶、分段回采，强化了分段回采时间，对顶板管理有利，在顶板冒落之前把矿石采完。主要缺点是，采切比大，回采工艺复杂，劳动生产率低，成本高。

### 5.3.3　缓倾斜、倾斜～中厚、厚矿体

12 线～16 线属缓倾斜、倾斜～中厚、厚矿体，顶板岩层和下盘近矿围岩不稳固，矿体平均倾角 40°左右，平均铅垂厚度 20m 左右，水平厚度约 24m。

充填采矿法能有效控制矿石的损失贫化，在简化生产工艺，提高劳动生产率，控制充填成本的前提下，该法是可行的；矿体倾角较缓，厚度不是很大，不适合采用阶段出矿的采矿方法，宜采用分段出矿的采矿方法。因此，可行的方案有分段空场（先空后崩）法、有底柱分段崩落法和无底柱分段崩落法、上向水平分层充填采矿法。

从矿体赋存条件看可以采用无底柱分段崩落法，然而受采场运搬设备和施工技术水平限制，该法目前在矿山使用困难，因此暂不考虑。

（1）有底柱分段崩落法。下盘脉外采准，垂直中深孔落矿。阶段高度 35～40m，分段高度 10m，矿块长 40～45m。

（2）诱导冒落、设回收进路的无底柱分段崩落法。阶段高度 36～40m，分段高度 8～9m，回采巷道沿走向布置，间距 8m，溜井、人行天井、分段联络平巷等主要采准工程布置在矿块端部，采用装岩机（或小型铲运机）出矿。为控制矿石贫化，在矿体上盘预留 4～6m 厚矿石作诱导冒落层，为减少矿石损失，在下盘布置回收进路。

（3）预控顶（超前切顶）的分段矿房法。分成 3～4 个分段进行回采，分段间留 3m 隔离矿柱。为解决顶板岩石破碎、矿石贫化大等问题，采用超前切顶（预控顶）锚网护顶，中深孔落矿，空场下出矿，分段矿石经采场耙矿巷道耙运至溜井或二次耙矿巷道口，二次耙运至溜矿井，下到阶段运输巷道。布置倾斜溜矿井，其倾角 65°～70°。

（4）连续（单步骤）回采的上向水平分层废石充填采矿法。回采时，自下而上分层进行，随工作面向上推进，逐层充填采空区，并留出继续上采的工作空间。

（5）空场、按分段自上而下逐个进行回采。分段分矿房、矿柱，各 6m 宽，为解决顶板岩石软弱破碎、冒落后造成矿石贫化大等问题，设 5～6m 矿石顶柱，先采矿房，后采间柱和顶柱，采用电耙道＋堑沟底部结构采准形式，中深孔落矿。

考虑以下四个方案：

（1）方案一：设柔性假顶的有底柱分段崩落法。

（2）方案二：分段空场、崩落联合分段采矿法。

（3）方案三：上向水平分层充填采矿法。

（4）方案四：设护顶矿层的有底柱分段崩落法。

# 6　低品位厚大矿体采矿方法优选

为进一步优选 12～16 勘探线之间缓倾斜、倾斜～中厚、厚矿体的采矿方法，对 5.3.3 节中提出的设柔性假顶的有底柱分段崩落法，分段空场、崩落联合分段采矿法，上向水平分层充填采矿法，设护顶矿层的有底柱分段崩落法等四个方案进行优选。

## 6.1　设柔性假顶的有底柱分段崩落法

### 6.1.1　方案介绍

按分段自上而下逐个进行回采。为解决顶板岩石软弱破碎、冒落后造成矿石贫化大等问题，采用预控顶－铺设柔性假顶方法。下盘稳固性较差，采准工程需加强支护。

矿块沿走向布置。阶段高度 36～40m，分条宽度 12m，分段底柱 6～7m；矿块尺寸以电耙道为单元进行划分，矿块长 45～50m（耙运距离约 30m），电耙巷道间距 12m，规格 2m×2m，支持形式锚网喷（浇灌混凝土）。普通漏斗（堑沟）放矿电耙出矿形式，漏斗交错布置，漏斗间距 6m，斗穿规格 2m×2m，漏斗颈规格 2m×2m。设柔性假顶的有底柱分段崩落法如图 6－1 所示。

#### 6.1.1.1　采准工作

下盘脉外采准布置，即出矿、行人、通风和运送材料等采准工程都布置于下盘脉外。阶段运输平巷采用沿脉＋穿脉布置。阶段运输为穿脉装车的环形（沿脉＋穿脉）运输系统。电耙道布置于下盘脉外，普通漏斗（或堑沟漏斗）。共划分 4～5 个矿块，溜井布置有两种方案：一是利用现有溜井的二次倒运方案，第一、二分段采用二次倒运方案，第三分段直接耙至 13 线溜井，第四分段采用短溜井，400m 水平采用无底柱分段崩落方案，矿石用装岩机直接装车；二是每个矿块设一溜井。

溜井直径 2m，溜井的上口应偏向电耙道的一侧，使另一侧有不小于 1m 宽的人行通道。考虑下盘近矿围岩破碎，尽量将采准工程布置在较稳固的角砾岩和矿体底盘。

采准上山及联络道采用采区（盘区）式布置。

需要指出的是：13 线及以北区域，矿体下盘近矿围岩为泥质粉砂岩，布置采准工程较困难，此区段可采用改进方案——留间柱的有底柱分段崩落法，沿走

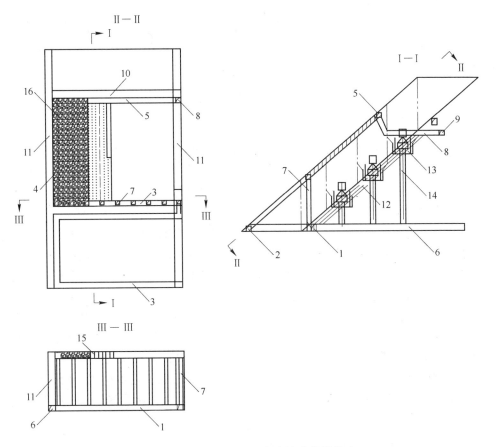

图 6-1 设柔性假顶的有底柱分段崩落法

1—下盘阶段沿脉运输平巷；2—上盘阶段沿脉巷道；3—切割平巷；4—切割上山；5—联络和回风巷道；
6—穿脉巷道；7—矿石溜井；8—安全和回风巷道；9—上阶段下盘沿脉巷道；10—分段矿柱；11—间柱；
12—采场人行上山；13—底部结构；14—采场放矿溜井；15—木支柱；16—覆盖岩层

向每隔 40～50m 将阶段划分为若干盘区。将上山布置在间柱内或下盘角砾岩中，以确保生产安全；低分段可采用独立垂直短溜井，高分段采用倾斜溜井、二次倒运方案。

每个矿块设置一套行人、通风和运送材料设备的天井（上山），用联络巷道与各分段的电耙巷道贯通。

### 6.1.1.2 切割工作

主要开掘切割立槽，可采用"丁"字形拉槽法或浅孔拉槽法。

### 6.1.1.3 回采工作

（1）回采顺序。矿体沿倾斜总的回采顺序是自上而下进行。阶段内沿走向采用单翼后退式回采。

（2）落矿。垂直层小补偿空间挤压爆破落矿方案。凿岩采用中深孔钻机，孔径 65mm，排距 1.8m，孔底距 1.8～2.2m。爆破采用挤压爆破，补偿空间系数 15%～20%，电耙出矿。

（3）放矿。为控制贫化，需使矿岩界面均匀下降。

### 6.1.2　柔性假顶施工

12～16 勘探线之间的矿体属缓倾斜、倾斜矿体，矿体平均倾角 40°左右，平均铅垂厚度 20m 左右。

第一、二分段由于顶板不完整采用留矿石护顶层方案。第三～五分段，采用柔性假顶方案。

该方案是将矿体顶盘 1.8～2m 厚矿体用壁式崩落法回采后，铺上钢丝绳等柔性材料，然后进行放顶，这样在上盘岩石与未采矿石之间形成一假顶。然后回采假顶下面的矿石，由于柔性假顶的存在，在覆盖岩石与崩落矿石之间形成一隔离层，从而达到控制矿石贫化的目的。

壁式崩落法是将阶段间矿层划分成矿块，矿块回采工作按矿体全厚沿走向推进。当回采工作面推进一定距离后，除保留所需的空间外，有计划地回收支柱并崩落采空区的顶板，用崩落顶板岩石充填采空区，借以控制顶板压力。

根据允许暴露面积，采用不同的工作面形式。考虑顶板不稳固，斜长较大，并且矿体厚度和顶底板起伏变化大，采用短壁式崩落法，将采场划分为两个分段进行回采。

#### 6.1.2.1　矿块结构参数

（1）阶段高度。阶段高度取决于允许的工作面程度，而工作面长度主要受顶板岩石稳固性和电耙有效运距的限制。阶段高度 36～40m，分为两个分段，工作面长度一般为 30～40m。

（2）矿块长度。长壁工作面是连续推进的，对矿块沿走向的长度没有严格要求，取 45～50m。

（3）阶段和分段矿柱斜长 3m，间柱 3m。

#### 6.1.2.2　采准布置

（1）采用单巷脉外布置方式。阶段沿脉运输巷道可以布置在矿层中或底板岩石中。

（2）矿石溜井。沿装车巷道每隔 5～6m，向上掘进一条矿石溜井，并与采场下部切割巷道贯通，断面为 1.5m×1.5m。暂时不用的矿石溜井可作临时通风道和人行道。

（3）安全道。为保证作业安全，从上阶段下盘垂直采场掘进一条安全回风道，然后沿走向掘联络和回风通道，断面为 2m×2m。

### 6.1.2.3 切割工作

（1）切割（拉底）巷道。切割巷道既作为崩矿自由面，同时也是安放电耙绞车和行人、通风的通道。它位于采场下部边界的矿体中沿走向掘进，并与各个矿石溜井贯通，断面为 2m×2m。切割巷道开凿在放矿溜井上口并向下错开 0.5m 处。留 0.5m 厚护顶矿，待回采时挑落。切割巷道宽度为 2m、高度为矿层的厚度。

（2）切割上山。切割上山一般位于矿块的一侧，连通下部矿石溜井与上部安全道，宽度应保证开始回采做必需的工作空间，高度为矿层厚度，一般为 (2～2.4)m×2m，取 2m×2m。

切割上山留 0.5m 厚护顶矿。采矿时首先沿倾斜由上向下挑护顶矿，同时扩帮。每次挑顶的斜长 6～7m，随着挑顶扩帮的进行需要支两排木柱维护暴露的顶板。

切割上山、联络通道、安全回风道、切割巷道采用锚网喷支护。

### 6.1.2.4 回采工作

总的回采顺序是下行开采，在走向上是由北向南推进，以单翼或双翼后退式回采。回采工作包括落矿、出矿、顶板管理和通风等工作。

A 回采工作面形式

回采工作面常见的形式有直线式和阶梯式。

B 落矿

落矿采用浅孔爆破，用轻型气腿式凿岩机凿岩。炮孔深度 1.6～1.8m，稍大于工作面的一次推进距离。推进距离应与支柱排距相适应，以便在顶板压力大时能及时进行支护。

C 出矿

大多数矿山的回采工作面都采用电耙出矿。电耙绞车的功率为 14kW 或 30kW，耙斗容积采用 0.2～0.3m³。电耙绞车安设在切割巷道或硐室中，随工作面的推进，逐渐移动电耙绞车。

D 顶板管理

为了减少工作空间的压力，保证回采工作的正常进行，当工作面推进一定距离时后，除了保证正常回采所需要的工作空间用支柱支护外，应将其余采空区中的支柱全部（或一部分）撤除，使顶板冒落下来，用冒落下来的岩石充填采空区。

控顶距一般为 2～3 排的支柱距离（排距的 1.1～1.2 倍）。放顶距，由 2～4 排的支柱间距。

　　a　支护

　　支护方式主要有木支护、金属支护、锚杆支护和木垛支护等支护形式。

　　爆破后必须及时用木柱支护顶板，木柱在倾斜方向成排架设，支柱直径一般为 180～200mm，排距 1.4～1.6m，柱距 0.8～1.0m。排距取 1.5m，柱距取 1.0m。当顶板完整性好时，采用带柱帽或不带柱帽的立柱或丛柱，柱帽交错排列。

　　b　柔性假顶铺设

　　钢绳＋金属网假顶。最底下铺直径 25mm 的废钢绳，上面铺两层金属网，中间层为大网格钢筋网，钢筋网由钢筋焊接而成的经纬网，横向筋一般为受力筋，直径为 8～10mm，纵向筋直径一般为 6mm；网格为 100mm×100mm。

　　上面一层为金属网，网孔为 40mm×40mm，金属网用 12 或 14 号铁丝编制而成。网片用铁丝扎结成整体。

　　为减少上盘岩层的移动，可喷射 50～80mm 混凝土，如图 6-2 所示。

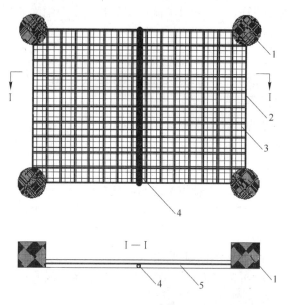

图 6-2　柔性假顶结构示意图
1—圆木；2—钢筋网；3—金属网；4—钢丝绳；5—喷射混凝土

　　也可以采用圆木排钢丝绳整体式假顶。用直径 25mm 的废钢绳及直径大于 180mm，长 2～4m 的圆木铺设而成，其上再加一层 0.04m×0.04m 的金属网。

　　网片规格根据现场需要确定。

　　c　放顶

　　当回采工作面推进到一定的悬顶距时，暂时停止回采，按以下步骤进行放顶：

（1）将控顶距和放顶距交界线上的一排支柱加密，形成单排或双排的不带柱帽的密集支柱。切顶支架又称密集支柱。一般采用单排密集支柱，每隔 3～5m 留大于 0.8m 的人行通道（安全口）。

（2）在放顶区内回收支柱，采用安装在上部阶段巷道的回柱绞车（JH-14型或 JH-18 型）回收支柱（绞车功率为 15～20kW，钢绳直径为 20～30mm）。回柱顺序是沿倾斜方向自下而上，沿走向方向先远后近（对工作面而言）。撤柱应分段进行，每段 6～8m；大部分木柱撤完后，崩掉警戒木柱。采场第一次放顶时，一般采用强制崩落顶板的方法，放顶距加大到正常放顶距的 1.5～2 倍，即 4.5～6m。

一般情况下，放顶区回柱后，顶板以切顶支柱为界自然冒落。必要时，强制崩落。

d 顶板管理参数

控顶距要保证采矿作业的空间，一般为排距的 1.1～1.2 倍，取 2.8m。放顶距一般为 2～3 排的支柱间距，取 3m。初次放顶距应大于正常放顶的 0.5～1 倍。悬顶距为 5.8m。

E 通风

长壁工作面的通风条件较好，新鲜风流由下部阶段运输巷道经行人井、切割巷道进入工作面。清洗工作面的污风经上部联络回风道、安全回风道，排至上部阶段巷道。

a 成本单价

（1）锚杆（含托板）65 元/根，安装费等 26 元/根。

（2）掘进。

脉外：平巷 182.65 元/m$^3$，溜井、上山 224 元/m$^3$。

脉内：平巷 69.45 元/m$^3$，溜井、上山 110 元/m$^3$。

（3）矿石：52 元/t。

（4）木材：25 元/根，1000 元/m$^3$。

b 钢筋混凝土

将钢筋按一定方式绑扎后浇注在混凝土中而成为钢筋混凝土。

钢筋一般用 3 号、16 锰和 5 号钢制作。

主筋直径为 12～25mm，间距为 150～300mm；副筋直径为 8～12mm，间距为 200～500mm。

c 假顶成本估算

矿块长度按 50m 计算，斜长 44.38m。

切顶费用

$$50 \times 44.38 \times 1.8 \times 110 = 439362 \text{ 元}$$

溜矿井掘进费用

$$19 \times 4 \times 9 \times 110 = 75240 \text{ 元}$$

回风巷掘进费用

$$28 \times 4 \times 110 = 12320 \text{ 元}$$

金属网费用

$$50 \times 44/4 \times 50 = 27500 \text{ 元}$$

木支柱费用

$$50 \times 44/1.5 \times 25 = 36666 \text{ 元}$$

混凝土费用

$$50 \times 44 \times 0.05 \times 600 = 66000 \text{ 元}$$

总增加费用　657088 元

地质矿量　　　44.38 × 15.32 × 50 × 2.9 = 98585t

回采矿石量　69000t

每吨矿石约增加成本 9.5 ~ 17.3 元。

## 6.2　分段空场、崩落联合采矿法

按分段自上而下逐个进行回采。分段分矿房、矿柱，为解决顶板岩石软弱破碎、冒落后造成矿石贫化大等问题，设 3.5 ~ 5m 护顶矿层，先采矿房，后采间柱和顶柱，采用电耙道 + 堑沟（或普通漏斗）底部结构采准形式，中深孔落矿。

### 6.2.1　矿块布置和结构参数

阶段高度 36 ~ 40m，分 4 个分段，分段高度 9 ~ 10m，分段底柱 6 ~ 7m。矿块沿走向布置，以电耙道为单元进行划分，矿块长 45 ~ 50m（耙运距离以 30m 为宜），电耙巷道间距 12m，规格 2m × 2m，支护形式为锚喷（或浇灌）混凝土。漏斗间距 5 ~ 7m，斗穿规格 2m × 2m，漏斗颈规格 2m × 2m。

### 6.2.2　采准切割

#### 6.2.2.1　采准工作

下盘脉外采准布置，即出矿、行人、通风和运送材料等采准工程都布置于下盘脉外。阶段运输为穿脉装车的环形（折返）运输系统。电耙道布置于下盘脉外，单侧堑沟漏斗。分段采用独立垂直放矿溜井。考虑下盘围岩破碎，尽量将采准工程布置在较稳固的角砾岩和矿体中。

每个矿块设置一套行人、通风和运送材料设备的上山，用联络巷道与各分段的电耙巷道贯通，如图 6 - 3 所示。

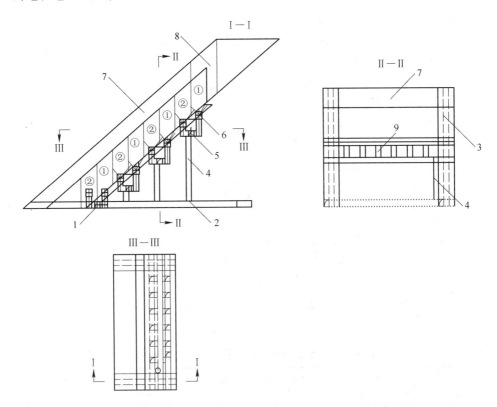

图 6 - 3　分段空场、崩落组合采矿法

1—阶段沿脉运输巷道；2—阶段穿脉运输巷道；3—人行通风上山；4—矿石溜井；5—耙矿巷道；

6—凿岩巷道；7—矿石护顶层（顶柱）；8—隔离矿柱；9—斗颈；①—矿房；②—矿柱

### 6.2.2.2　切割工作

开掘切割立槽，可采用"丁"字形拉槽法或浅孔拉槽法。

### 6.2.2.3　矿柱尺寸的确定

A　间柱

考虑矿柱宽度大于 2 倍的最小抵抗线（即：65mm×30×2 =3900mm），不小于 1/4 矿柱高度（即：15.86m/4 =3.965m），矿柱厚度不宜小于 4m。

B　顶柱

采用 K. B. 鲁别涅依他等人的公式和按结构力学梁理论两种方法计算安全顶柱厚度[64]。

a　K. B. 鲁别涅依他等人的公式

K. B. 鲁别涅依他等人主要考虑到空区跨度及顶柱岩体特性（强度及构造破

坏特性）对安全顶柱厚度的影响，同时也考虑了空区上方附加荷载的影响，提出的安全厚度计算公式如下

$$H = \frac{K(0.25\gamma L^2 + \sqrt{\gamma^2 L^2 + 800\delta_B g})}{98\delta_B} \quad (6-1)$$

式中　　$H$——要求的安全顶柱厚度，m；

　　　　$K$——安全系数，取 1.0；

　　　　$\gamma$——顶板岩石体重，矿体 2.9t/m³，泥岩 2.8t/m³；

　　　　$L$——采空区跨度，m；

　　　　$\delta_B$——顶板强度极限：

$$\delta_B = \frac{0.085\delta_C}{K_0 K_3}$$

　　　　$K_0$——强度安全系数，2~3，取 $K_0 = 2.5$；

　　　　$K_3$——结构削弱系数，7~10，取 $K_3 = 8.5$；

　　　　$\delta_C$——岩石单轴抗压强度，20~80MPa，取 $\delta_C = 58.54$MPa。

上盘岩层按 115m 高度的散体计算，采空区跨度、岩体强度与顶柱厚度关系见表 6-1。

表 6-1　采空区跨度、岩体强度与顶柱厚度关系

| $L$/m | 4 | 5 | 5 | 5 | 5.5 | 5.5 | 5.6 | 6 | 6 | 6 | 9 | 9 | 9 | 12 | 12 | 12 |
|---|---|---|---|---|---|---|---|---|---|---|---|---|---|---|---|---|
| $\delta_C$/MPa | 30 | 20 | 30 | 50 | 20 | 30 | 20 | 20 | 30 | 50 | 20 | 30 | 50 | 20 | 30 | 50 |
| $H$/m | 2.8 | 5.2 | 3.6 | 2.6 | 5.5 | 3.9 | 6.0 | 6.5 | 4.5 | 3.2 | 12.0 | 8.1 | 5.5 | 19.2 | 12.9 | 8.7 |

　　b　按结构力学梁理论进行计算

　　假定采空区顶板岩体是一个两端固定的平板梁结构，上部岩体自重及其附加载荷作为上覆岩层载荷，按照梁板受弯考虑，以岩层的抗弯抗拉作为控制指标，根据材料力学与结构力学的公式，推导出采空区顶板的安全厚度：

$$h = 0.25L \frac{\gamma L + \sqrt{(\gamma L)^2 + 8q\delta_t}}{\delta_t} \quad (6-2)$$

式中　　$\delta_t$——允许拉应力，取 776kPa；

　　　　$\gamma$——顶板矿岩容重，$\gamma = 2.77 \times 9.8$kN/m³；

　　　　$L$——顶板跨度；

　　　　$q$——附加载荷，$q = 90 \times 2.52 \times 9.8 \times 0.5 = 1111.32$kPa。

将不同顶板跨度代入计算得采空区与顶柱厚度关系见表 6-2 和图 6-4。

表6-2　采空区跨度与顶柱厚度关系　　　　　　（m）

| 空区跨度 | 4 | 5 | 5.5 | 6 | 9 | 12 |
|---|---|---|---|---|---|---|
| 顶柱厚度 | 3.5 | 4.5 | 4.9 | 5.4 | 8.4 | 11.5 |

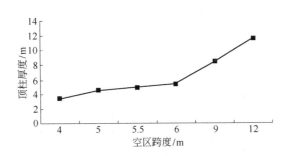

图6-4　采空区跨度与顶柱厚度关系曲线

从计算结果可以看出，随矿体强度的变化（20~50MPa），顶柱厚度3.2~6.5m不等。12勘探线以北，矿体稳固性较好，可取较小值3.5m；12线以南宜取较大值4.5~6.5m，综合考虑宽度6m时，护顶层厚度宜取5.5m。

### 6.2.3　回采工作

采用中深孔凿岩，从切割槽一侧向另一侧，进行回采。崩下的矿石通过堑沟漏斗耙运到溜矿井。

## 6.3　上向水平分层充填采矿法

连续（单步骤）回采的上向水平分层废石充填采矿法。回采时，自下而上分层进行，随工作面向上推进，逐层充填采空区，并留出继续上采的工作空间。充填体维护两帮围岩，并作为上采的工作平台。崩落的矿石落在充填体表面上，用机械方法将矿石运至溜井。矿柱回采到最上面分层时，进行接顶充填。

### 6.3.1　矿块结构和参数

阶段高度36~40m。采场垂直矿体走向布置，单步骤回采。分条宽度5.5m，采场长度等于矿体厚度（矿体水平厚度平均约24m）。分条采场采取隔一采一方式，一步采场两侧设废石胶结隔墙，厚度0.5~1m，二步采场采用废石充填。底柱高5m，分层高2m，根据需要可留2m厚护顶矿层。一般不留顶柱，如上阶段运输和通风等需要，留高度为4m的顶柱。

### 6.3.2　采准工作

阶段运输水平采用沿脉 + 穿脉，或上、下盘沿脉巷道 + 穿脉巷道。

采准工作包括运输平巷、充填井、人行天井及放矿溜井的掘进和构筑。采场中布置一个溜矿井、一个顺路人行天井和一个充填天井。人行天井、溜矿井，采用顺路架设，是随着回采工作升层时架设形成的，如图 6 - 5 所示。

溜矿井直径 1.5m，倾角 55°。溜矿井的主要形式：

（1）钢溜井，由 3 ~ 4 块圆弧形钢板在采场用螺栓连接而成，材质一般为高强度耐磨锰钢板（也可由厚 10mm 的钢板卷制焊接而成）。

（2）混凝土浇灌的顺路溜井，溜井断面 $\phi$1.5m，壁厚 400mm。

人行天井断面 1.8m×2m，沿矿体下盘布置，采用混凝土浇灌，壁厚 0.3m，井内铺设梯子。充填天井断面 1.5m×2.5m，倾角 60°（不小于 45°），内设充填管路和梯子，是矿房的安全出口。也可在矿房中掘进一条中央天井，掘进切割巷道，并将中央天井分成上下两段，上段为充填井，下段为溜矿井。

### 6.3.3　切割工作

先掘好运输巷道，然后掘充填井及放矿溜井和人行天井，并在底柱的顶部水平进行切割工作。切割工作是在巷道内扩帮，形成拉底空间。

从阶段运输巷道向上开凿放矿溜井与人行材料井，掘至底柱高度时，开始做切割工程。先使两条井贯通，后向上、下盘及两侧推进，直至设计的开采边界。切割高度 2 ~ 2.5m，再向上挑顶 2.5 ~ 3m，并将崩下的矿石经溜矿井放出。形成 4.5 ~ 5m 高的拉底空间后，即可浇筑钢筋混凝土底板（标号 C15 ~ C20），底板厚 0.6 ~ 0.8m，配置双层钢筋，主副筋分别为 $\phi$12mm 和 $\phi$8mm，两层间距 400mm，钢筋网格为（250 ~ 300）mm ×（250 ~ 300）mm。然后架设人行井和放矿溜井，人行井倾角与矿体倾角一致。

### 6.3.4　回采工作

采场采用间隔同时上向的回采方式，相邻采场滞后 8 ~ 10m。用浅孔崩矿，回采分层高为 2m，出矿后的控顶高度为 4m，崩落的矿石用 14kW 电耙出矿。充填前要立好模板，形成溜矿井、人行天井。矿房与矿房间利用废石砌筑 1m 厚混凝土隔墙（充填体强度 3MPa，水泥量 100kg/m$^3$）。溜矿井和人行天井采用浇灌混凝土。

主要回采工序有：落矿、出矿、支护、充填、通风等。

#### 6.3.4.1　落矿

凿岩先用 YSP45 型上向式凿岩机钻凿倾角 80° ~ 85° 炮孔，孔深 2.0m，钎头

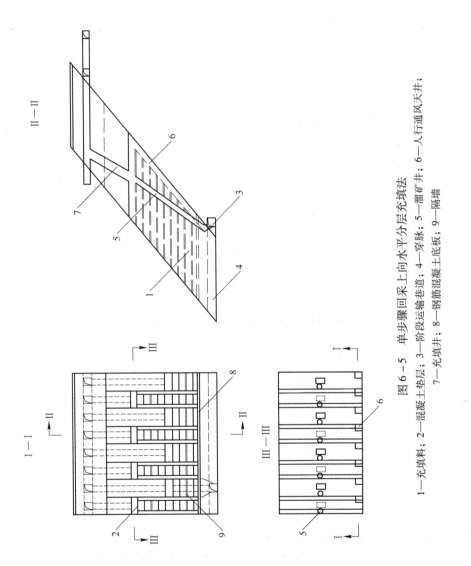

图 6-5　单步骤回采上向水平分层充填法

1—充填料；2—混凝土垫层；3—阶段运输巷道；4—穿脉；5—溜矿井；6—人行通风天井；
7—充填井；8—钢筋混凝土底板；9—隔墙

直径 38~42mm，炮孔呈梅花形布置，孔距为 0.8~1.2m，排距为 0.7~1.0m。再用 YT-24 型凿岩机钻凿水平炮孔，回采 1.2m，水平孔光面爆破压顶，钎头直径 38~42mm。

### 6.3.4.2　出矿

出矿采用 14kW 电耙，脉内溜井出矿，效率 30~50t/（台·班）。

### 6.3.4.3　采场支护

上向水平分层回采，人员和设备在顶板下作业，随着矿块尺寸的加大，分层高度的增加，必须对顶板或围岩进行加固和支护，即使是顶板好也要采取预防性的支护措施。采场顶板用锚杆护顶，采用管缝式锚杆，长度 1.8m，直径 42mm，安装网度 1m×1m（0.8m×0.8m~1.5m×1.5m）。

### 6.3.4.4　充填

采用废石干式充填。

充填之前做好如下准备工作：

（1）出完矿后，将设备移出采场或移至采场一端或悬吊在工作面顶板上。

（2）顺路架设人行天井和溜矿井。

（3）在矿房与间柱之间需构筑隔墙，构筑方法有两种：一是在充填前在隔墙边界上立木模板或其他模板，然后充以强度 3MPa 废石混凝土即可；二是在采场两侧采用废石灌浆充填。

（4）架设充填管路。使用 $\phi76~100mm$ 塑料软管作充填管。塑料管从充填井放下，采用前进式充填。

#### A　充填材料及制备

废石胶结充填材料包括废石集料和胶凝材料两部分，废石胶结充填料的主要成分为废石、水泥和水。参照类似矿山指标：水泥用量 3%~5%，$1m^3$ 充填材料用量：水 200kg，水泥 100kg，废石 1937kg，$R_{28}=3MPa$。

一般采用矿山废石作为充填集料，水泥作为胶凝材料。充填料制备包括废石集料制备、水泥浆或砂浆制备。

#### a　废石料制备

井下掘进废石一般不需加工制备，可以直接取用。采用露天矿剥离废石作为充填集料，往往需要进行破碎。但破碎工艺较简单，一般采用一段破碎或两段破碎。破碎块度一般在 150mm 以下，破碎后的废石可以不经筛分，以自然级配直接使用。

#### b　水泥浆制备

水泥浆制备站主要由水泥仓、搅拌桶、稳压水池和输浆管组成。采用间断方式制浆。如双桶交替式制浆。

二步采处于两个一步采之间，布置和方法与一步采基本相同，只是在钢筋混凝土假顶之上改废石充填。

B 采场充填

a 正常充填

采场充填以充填井为中心，采用前进式充填，一次或几次充填到设计高度。用干式充填需铺设 0.2m 厚、强度 5~8MPa 混凝土，养护 24h 后，就可进行下一分层的作业。

b 第一分层的充填

为了给顶底柱回采，创造一个人工假顶，在采场第一分层铺以 0.6m 钢筋混凝土底板，强度为 8~12MPa。

c 接顶充填

采场的最后一个分层充填，要尽量填满，使其接近顶板。可在第一次基本接顶后，停 24h 再回填第二次或采取压力灌浆。

干式充填以露天剥离（采石场）或掘进废石作充填料，用电耙或铲运机搬运和平场。充填体上面浇以 0.2m 左右厚的混凝土垫层（保养 24h 既可进行下一循环工作），以利设备运行和减少采下矿石的损失贫化，水泥用量 200~300kg/m³。

### 6.3.4.5 采场通风

新鲜风流由人行井进入采场清刷工作面，污风由采场充填井进入上中段回风平巷经回风斜井排至地表。

## 6.3.5 主要技术经济指标

按矿块（两个分条）进行计算。

（1）矿块工业储量。

$$Q = BLH\gamma \qquad (6-3)$$

式中　$B$——采场水平厚度，取 23.835m；

　　　$L$——采场宽度，取 10m；

　　　$H$——阶段高度，取 36m；

　　　$\gamma$——矿石体重，取 2.9t/m³。

代入计算得矿块工业储量：

$$Q = 23.835 \times 10 \times 36 \times 2.9 = 24883.7t$$

矿房矿量

$$Q_1 = 23.835 \times 10 \times 27 \times 2.9 = 18662.8t$$

顶底柱矿量

$$Q_2 = 23.835 \times 10 \times 9 \times 2.9 = 6220.9t$$

（2）矿房回采率 $K_1$ 按 93% 计算，贫化率 $\rho_1$ 按 8%；矿柱回采率 $K_2$ 按 80% 计算，贫化率 $\rho_2$ 按 15% 计算。

矿石回采率为

$$K = \frac{Q_1 K_1 + Q_2 K_2}{Q} = \frac{22333.1}{24883.7} = 89.75\%$$

矿石贫化率

$$\rho = \frac{Q_1 K_1 \rho_1 + Q_2 K_2 \rho_2}{Q_1 K_1 + Q_2 K_2} = \frac{2135.0}{22333.1} = 9.56\%$$

（3）采场采准切割工程量计算，见表 6-3。

表 6-3　采场采准切割工程量计算

| 项　目 | 工程名称 | 规格/m | 长度/m | 个数 | 总长度/m |
|---|---|---|---|---|---|
| 采准工程 | 阶段运输巷道 | 2.2×2.5 | 10 | 2 | 20 |
| | 穿脉运输巷道 | 2.2×2.5 | 30.4 | 2 | 60.8 |
| | 充填井 | 1.5×2.5 | 43.7 | 2 | 87.4 |
| | 溜矿井 | $\phi1.5$ | 5 | 2 | 10 |
| | 人行通风井 | 1.8×2.0 | 5 | 2 | 10 |
| 切割工程 | 拉底巷道 | 2.0×2.0 | 24 | 2 | 48 |
| 合　计 | | | | | 236.2 |

（4）千吨采切比。

$$236.2/22333.1 = 10.6m/kt$$

（5）充填成本估算。按矿房计算充填成本。

隔墙胶结充填量

$$Q_1 = 2BL_1h$$

式中　$B$——采场水平厚度，取 23.835m；

　　　$L_1$——隔墙厚度，取 1m；

　　　$h$——矿房高度，取 27m。

$$Q_1 = 2 \times 23.835 \times 1 \times 27 = 1287.09m^3$$

钢筋混凝土垫板

$$Q_2 = 23.835 \times 10 \times 0.6 = 143.01m^3$$

混凝土垫层

$$Q_3 = 23.835 \times 8 \times 0.2 = 38.136 \text{m}^3$$

溜矿井

$$Q_4 = (0.77^2 - 0.75^2) \times 3.14 \times 35 = 3.341 \text{m}^3$$

人行通风井

$$Q_5 = 3 \times 0.4 \times 45 = 54 \text{m}^3$$

混凝土用量

$$143.01 + 2 \times 3.341 + 2 \times 54 = 257.692 \text{m}^3$$

废石胶结量

$$1287.09 + 38.136 = 1325.226 \text{m}^3$$

废石充填量

$$23.835 \times 10 \times 27 = 6435.45 \text{m}^3$$
$$6435.45 - 257.692 - 1325.226 = 4852.532 \text{m}^3$$

混凝土按450元/m³，废石胶结按100kg/m³，水泥400元/t，考虑制备费用，按90元/m³计算，废石考虑破碎、运输等费用按30元/m³计算。

$$257.692 \times 450 + 1325.226 \times 90 + 4852.532 \times 30 = 380807.7 \text{元}$$

充填成本

$$380807.7/17356 = 21.94 \text{元/t}$$

综上所述，主要技术经济指标如下：

（1）矿块生产能力30t/d。

（2）采切比10.6m/kt。

（3）矿石损失率10.25%。

（4）矿石贫化率9.56%。

（5）充填成本21.94元/t。

## 6.4　设护顶矿层的有底柱分段崩落法

该方案的特点是：采场内不划分矿房和矿柱单步骤一次回采，根据中厚倾斜矿体的几何参数，每分段按菱形布置回采范围，采用小补偿空间挤压爆破或向崩落矿岩方向挤压爆破方案。

阶段划分为分段自上而下逐个进行回采，分段间留6m宽临时间柱，以布置人行、回风斜上山，或不留间柱连续回采。因顶板稳定性差，缓倾斜、倾斜~中厚、厚~矿石不稳固、中等稳固，留3.5~5m厚护顶矿层。矿房回采时，用护顶层和顶柱暂时支撑围岩，在空场/覆岩下放矿，在分段装矿巷道用装岩机直接装上矿车，经分段运输巷道下放到溜井。

设护顶层的有底柱分段崩落法如图6-6所示。

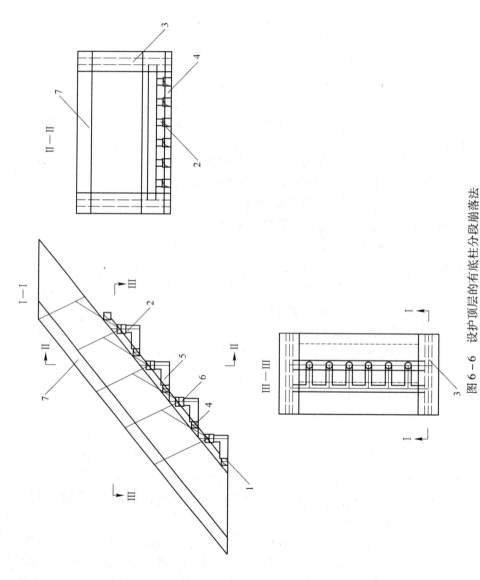

图 6 - 6　设护顶层的有底柱分段崩落法

1—阶段沿脉运输巷道；2—斗颈；3—行人通风上山；4—分段运输巷道；5—装矿巷道；6—堑沟巷道；7—矿石护顶层

### 6.4.1 结构和参数

阶段高度 36m，设 4 个分段，分段高度 9m，为便于中深孔凿岩，分段之间可设凿岩分段。矿块沿走向布置，矿块宽度约 13.5m，矿块长度 48m 左右。

### 6.4.2 采准工作

采用下盘脉外采准，分段运输巷道布置在下盘角砾岩中，断面为 2.0m×2.0m，喷锚网或钢筋混凝土支护。矿块两侧各设一人行斜井，负责行人、通风和运送材料等。采用堑沟漏斗或普通漏斗，斗间距 6m，因采用装岩机出矿，且下盘不稳固，斗穿规格 2.5m×2.5m，斗颈为（2～2.5）m×（2～2.5）m，斗高 1.5m。采用 YGZ90 凿岩机，凿岩上山断面 2.5m×2.7m，在矿体下盘开掘，顶板为矿体。

### 6.4.3 切割工作

在矿体中间厚大部位垂直矿体走向开切割立槽，作为形成补偿空间的自由面，宽度 2.5m。堑沟巷道靠下盘开掘，下盘的边孔角约 60°。堑沟的形成可采用中深孔与落矿同次爆破。

### 6.4.4 回采工作

从切割槽开始，后退回采。回采的扇形中深孔，是从堑沟巷道钻凿的。在堑沟巷道打上向扇形炮孔，和上部回采炮孔同时爆破，采用垂直层小补偿空间挤压落矿。在空场或覆岩下放矿。崩下的矿石从装矿巷道用装岩机直接装入矿车，运到分段运输巷道卸入溜井。

## 6.5 分析比较

方案一，设柔性假顶可有效控制上盘岩层混入，但要求多分段平行放矿，管理难度大，且放矿高度下降到一定程度后，柔性假顶可能破裂，仍难以控制废石的混入。

方案二，具有空场法和崩落法两者的优势，适合矿山开采技术条件。

方案三，矿山没有充填系统，且充填采矿法劳动生产率低，采矿成本高。铅锌矿价值、品位都不高，该方案目前实施有一定困难。

方案四，由于矿体厚度不大，护顶层厚度小，对损失贫化的控制效果不好；若厚度过大，矿石损失增加。

经综合分析比较，方案二，即分段空场、崩落组合采矿法为适宜的采矿方法可以较好地适应矿床地质条件和矿山开采技术经济条件。

# 7  矿体回采顺序数值模拟研究

采用三维有限元方法，针对矿体的产出特征，对矿体的回采顺序进行了多种模拟，模拟过程力求能反映开采的实际情况。但考虑到模拟的复杂性，在建模过程中进行局部必要的简化以利于计算机模拟。

## 7.1  三维有限元数值模拟基础

### 7.1.1  三维有限元数值模拟的基本思路

为了研究矿体开采后顶板、围岩的稳定性及不同的回采顺序对顶板、围岩的破坏情况，必须采用数值模拟的方法，定量地计算和分析回采过程中的顶板围岩应力、位移、塑性区及安全率的分布状况，从而对采场顶板围岩的稳定性作用作出判断；找出矿体开采后地压活动规律，确定合理经济的回采方案，从而来指导矿山的生产建设。

采矿工程中，不论是巷道、采场都是处于三维受力状态，三个主应力对采矿工程的稳定性均有重要的作用。同时采矿过程是一个动态的采场结构、受力状态不断变化的过程，采用二维问题对于采矿工程来说，简化条件太多，不能同时考虑三个方向的主应力情况。因此，为了更加真实地反映实际情况，说明三个主应力对围岩稳定性的影响，有必要采用三维有限元计算程序进行分析。目前，在岩土工程和矿山工程中可供采用的数值模拟方法虽然比较多，如有限差分法、有限元法、边界元法、离散元法等。由于有限单元法的显著优点，使其在工程实践领域中至今应用得最广泛，发展得也最为成熟。在我国的水利工程、隧道工程等一些领域，三维有限元的应用已相当广泛，但是，由于采矿工程本身是一项受多因素影响且较为复杂的系统工程，使得三维有限元在矿山工程中的应用受到限制。本书使用三维非线性有限单元法程序 $3D-\sigma$ 是针对岩土工程的复杂特点开发的，利用它对采场顶板、围岩、间柱稳定性分析及充填体在开采过程中的作用进行分析是较为恰当的，从而为应用三维有限元分析矿山复杂的实际问题提供了强有力的工具。

根据矿体的开采技术条件、采矿方法、开采工艺及现有的计算机技术，结合矿山工程质图和采矿方法图并做局部的简化，根据矿体的赋存特征及开采技术条件，在矿体中部沿走向布置一条上部宽30m、下部宽70m梯形保安矿柱（图7 –

1），将矿体划分为南北两部分，从矿体复合平面图中可以看出，矿体以保安矿柱以北为主，保安矿柱以南矿体规模较小。由于三维有限元计算量及计算结果给出的信息量都比较大，而且考虑到保安矿柱比较宽大，单独回采保安矿柱南北任意一侧的矿体都不会对另外一侧的矿体产生较大的影响，所以仅对保安矿柱以北厚大矿体的回采顺序进行模拟，找出较为理想的回采方案。

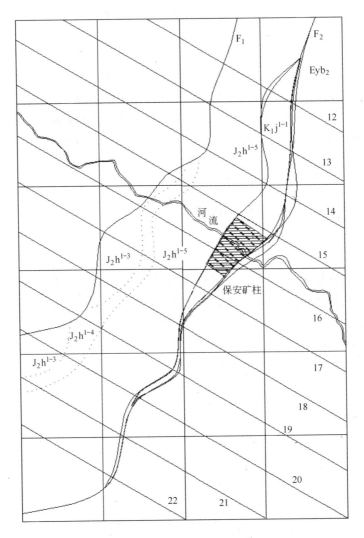

图 7 -1　矿体复合平面图

### 7.1.2　模型的建立

数值模拟的可靠性在一定程度上取决于所选择的计算模型，包括根据数值模拟的目的及矿山的实际情况进行的基本假说；采场结构和开挖步骤的简化；选择适当的计算域和计算模型的离散化处理；确定计算模型的边界约束条件；选取岩体力学参数及其破坏准则等问题。

### 7.1.3　基本假设

在数值模拟过程中，不可能将影响采场稳定性的因素都面面俱到地考虑进去。因此，本次模拟作了一些必要的假设：

（1）视岩体为连续均质、各向同性的力学介质。

（2）忽略断层、节理、裂隙等不连续面对采场稳定性造成的影响。

（3）计算过程只对静荷载进行分析且不考虑岩体的流变效应。

（4）不考虑地下水、地震及爆破振动对采场稳定性的影响。

（5）矿山的开拓巷道及采场的拉底、切割巷道等对采场围岩力学状态的影响只是局部的，在数值模拟中可以忽略。

（6）因矿体埋藏深度比较大，可忽略地表地形对采场围岩应力分布的影响。

## 7.2　三维有限元数值模拟参数设置

### 7.2.1　采场布置及构成要素

沿矿体走向划分采场，垂直走向布置矿房，除了梯形保安矿柱外不留其他矿柱进行连续回采，采场长度为10m，宽为矿体宽度，高度为40m；每五个采场构成一个盘区（长×宽×高为50m×矿体宽度×40m），由于矿体走向方向较长，如果回采步骤按照采场进行，则计算步骤太多，需要花费较长的时间，所以本次模拟回采过程按盘区进行划分，保安矿柱及北部矿体盘区划分如图7-2所示。

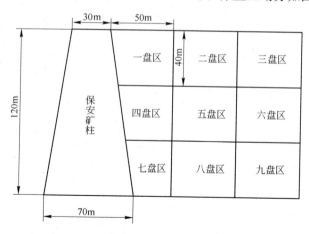

图7-2　保安矿柱及北部矿体盘区划分

### 7.2.2 计算模型的设置

#### 7.2.2.1 计算域

计算域的大小对数值模拟结果有重要影响，计算域取得太小容易影响计算精度及可靠性，但如果计算域取得太大又使单元划分过多，受计算机容量限制往往会给计算带来困难，因此计算域要取得适中，必须取一个适中的计算域，既保证计算工作的顺利进行，又要保证计算结果具有一定的精度。根据弹塑性力学理论可知，在承受均匀载荷的无限大弹性体中开挖一圆孔后，孔边的应力状况将发生显著变化，但这种变化的影响范围实际上只限于附近的局部区域：在3倍孔径的区域处，应力比开孔前的应力大11%；在5倍孔径的区域处，应力的相对差值已小于5%，这样的应力变化在工程上可以忽略不计。应此，在有限元的计算中可以把3~5倍孔径的区域作为计算域。根据矿体特点和采场布置形式，结合岩石力学相关理论，建立三维有限元模型，模型长×宽×高为2200m×1200m×1100m，即沿矿体走向取1200m（模型中z方向），垂直矿体走向取600m（x方向），沿垂直方向取450m（y方向），共计121428个节点，28210个20节点三维等参元单元。单元网格划分及计算机矿体模型图分别如图7-3和图7-4所示。

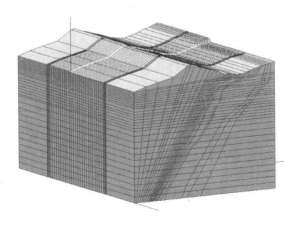

图7-3 三维有限元计算机模型网格划分图

#### 7.2.2.2 边界约束

计算域边界采取位移约束。由于采动影响范围有限，在离采场较远处岩体位移值将很小，可将计算模型边界处位移视为零。因此，计算域边界采取位移约束，即模型底部所有节点采用x、y、z三个方向约束，xy平面采用z方向约束，yz平面采用x方向约束。

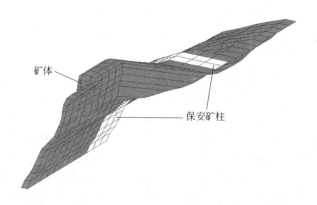

矿体

保安矿柱

图 7 - 4　计算机模拟矿体、保安矿柱位置关系图

### 7.2.2.3　地应力设置

地应力是存在于地层中的未受工程扰动的天然应力，也称岩体初始应力、绝对应力或原岩应力。国内外大量实测结果表明，地应力是引起地下采矿开挖工程变形和破坏的根本作用力，是决定采矿岩体力学属性，进行围岩稳定性分析，实现采矿设计和决策科学化的必要前提条件。但由于产生地应力的因素十分复杂，至今仍无法通过数学计算或模型分析方法得到地应力的大小和方向，唯一有效方法是进行地应力现场实测。

现场原岩应力测量的方法有应力解除法，如孔径法、孔壁法、孔底法等，此类方法都是通过套钻解除来实现的。孔径法是利用解除过程中径向变形（或压力）与钻孔周围的应力分量之间的关系来推求地应力的，孔底法是利用解除过程中孔底平面的变形来推求地应力。现场原岩应力的测量的另一类方法是水压致裂法。这两类方法都需要在现场进行，存在着如下缺点：测试周期长，资金消耗大，并受到现场施工条件的影响和干扰，难以在现场进行大量测试，且即使进行了有限的现场岩体应力测量，对矿区地应力场总体特征的认识存在一定的困难。

地应力声发射 Kaiser 效应实验测定是新近发展的一种比较理想的方法，该方法可以在实验室条件下进行大量的实验测定，即从现场采得定向岩芯后，在室内从岩芯上取定向试样，在压力机上加载检测岩石试样声发射，根据岩石声发射的 Kaiser 效应，判定试样的先存应力，由此测定现场岩芯采集地点的地应力。

由于条件限制，矿山未进行过原岩应力实测，目前还不知道地应力水平分量的确切数值，这给有限元计算中初始条件确定带来了困难。然而，国内外工程实测结果表明，地应力在浅部变化较为复杂，当距地表深度超过 400m 时，水平应力和垂直应力在数值上逐渐趋于一致（$\lambda = 0.8 \sim 1.2$）。矿体埋藏深度约有 100m 左右，地应力比较复杂，矿山尚没有实测数值。

所以在本次计算中，以经验公式 $\lambda = \dfrac{\mu}{1-\mu}$ 为基本计算方案（$\mu$ 为泊松比）。

### 7.2.2.4 计算采用力学模型

在岩体破坏分析中，采用莫尔－库仑（Mohr-Coulomb）塑性破坏准则。此破坏准则是所有可能屈服面的内极限面，在工程上采用此屈服准则是偏于安全的。其力学模型为

$$\frac{\sigma_1 - \sigma_3}{2} = \frac{\sigma_1 + \sigma_3}{2}\sin\phi + C\cos\phi \qquad (7-1)$$

或

$$F = \sigma_1 - \sigma_3 \frac{1+\sin\phi}{1-\sin\phi} - 2C\sqrt{\frac{1+\sin\phi}{1-\sin\phi}} \qquad (7-2)$$

式中　$\sigma_1$，$\sigma_3$——分别为最大主应力和最小主应力；

　　　$C$，$\phi$——分别为材料黏聚力和内摩擦角；

　　　$F$——破坏判断系数，当 $F \geqslant 0$ 时，材料将发生剪切破坏。

材料在拉应力状态下，采用抗拉破坏强度准则。如果拉应力超过材料抗拉强度（$F \geqslant 0$），材料将发生抗拉破坏。其力学模型为

$$F = \sigma_t - R_t \qquad (7-3)$$

式中　$\sigma_t$——材料所受拉应力；

　　　$R_t$——材料抗拉强度。

### 7.2.3 计算所采用力学参数

在计算过程所采用的矿岩体数据均在试验数据的基础上通过大量的试算和经验折减，计算模拟中所采用的计算参数见表 7－1。

**表 7－1　模拟计算用岩体力学参数**

| 岩性 | 密度 /g·cm$^{-3}$ | 弹性模量 /GPa | 泊松比 $\mu$ | 抗拉强度 /MPa | 黏聚力 $C$ /MPa | 内摩擦角 $\phi$ /(°) |
|---|---|---|---|---|---|---|
| 红泥岩 | 2.52 | 1.28 | 0.268 | 0.76 | 0.23 | 20 |
| 矿体 | 2.77 | 5.87 | 0.264 | 1.2 | 0.86 | 35 |
| 角砾岩 | 2.846 | 3.76 | 0.272 | 1.18 | 0.83 | 38 |

## 7.3 回采方案的确定及模拟结果分析

针对需要解决的问题及现实中需要考虑的各种外界因素，回采顺序的模拟共分两个阶段进行，在确定大方向回采顺序的基础上再进行具体回采顺序的模拟。

### 7.3.1  第一阶段回采顺序的确定

第一阶段共进行四种回采顺序的模拟:

方案一:保安矿柱以北矿体从南向北回采。

方案二:保安矿柱以北矿体从北向南回采。

方案三:保安矿柱以北矿体由中间向两翼退采,先向南退采,再向北退采。

方案四:保安矿柱以北矿体由中间向两翼退采,先向北退采,再向南退采。

### 7.3.2  第一阶段模拟结果分析

采用矿体的实体形态进行模拟,由于矿体的边界形态在局部比较复杂,特别是在矿体与周边围岩交界部位变化较大,所以在建立三维模型时局部进行了适当简化,现根据模拟结果,对几种状态下采空区的稳定性分别叙述如下。

由于三维有限元计算结果给出的信息量比较大,可以给出应力、应变、塑性区、安全率等多种力学指标。因模拟开挖步骤较多,所以主要给出一些关键部位(顶板、保安矿柱)、关键步骤(开采末期)的数据,故计算结果主要从最大主应力、安全率和塑性区等方面进行分析,确定合理的开采顺序。

#### 7.3.2.1  应力分布比较

从所模拟的四种回采方案结果(图7-5~图7-9)来看,最大主应力主要出现在矿体开挖后与上盘围岩、保安矿柱接触及拐角处,四个方案回采结束后顶板最大主应力除了方案一为9.653MPa外,其余方案均为8.5MPa左右;保安矿柱四个回采方案的最大主应力均为13MPa;所以从应力分布情况很难判断出较优的回采顺序。

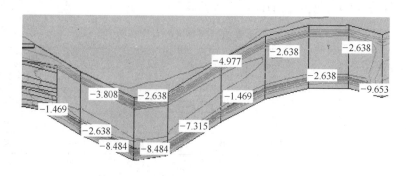

图7-5  方案一回采末期顶板最大主应力分布

注:1. "+"表示应力为拉应力(图中未标出),表示位移为与坐标轴同向,如在采场底板
表示底板位移鼓出,顶板表示位移下沉,采场边壁表示位移向采空区移动。

2. "-"表示应力为压应力,表示位移为与坐标轴反向。

3. 无特别说明,应力单位为MPa,位移单位为m。

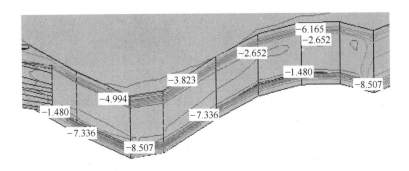

图 7 - 6 方案二回采末期顶板最大主应力分布

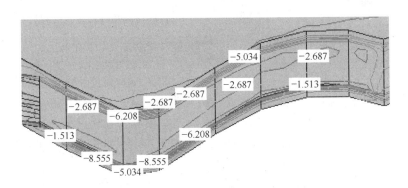

图 7 - 7 方案三回采末期顶板最大主应力分布

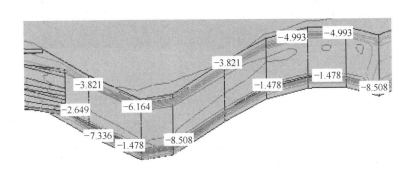

图 7 - 8 方案四回采末期顶板最大主应力分布

#### 7.3.2.2 安全率分布比较

安全率是由莫尔 - 库仑强度准则所决定的极限应力状态与实际应力状态的比值。安全率为 1 时处于临界状态，且安全率越大，安全性越好。对于地下矿山而言，顶板、间柱、围岩等是否破坏，除了分析应力应变、塑性区分布及位移外，

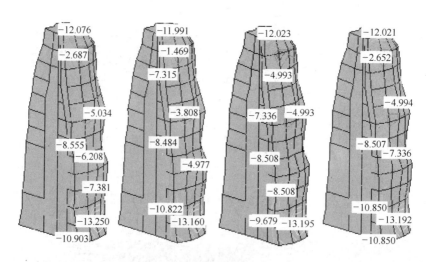

图 7 - 9　方案一~方案四回采末期保安矿柱最大主应力分布

安全率的分布，在某种程度上，可以非常直观明了地对开挖所造成的损害程度进行说明。从数据模拟结果来看（图 7 - 10 ~ 图 7 - 14），四种回采方案回采结束后顶板的安全率均小于 1，且仅有方案二的安全率大于 0.9，其余方案的安全率均小于 0.86，远远低于临界状态，所以说再对顶板不采取支护措施的情况下，任

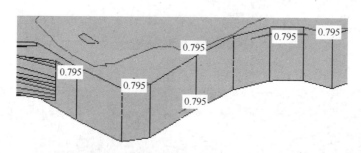

图 7 - 10　方案一回采结束顶板安全率分布

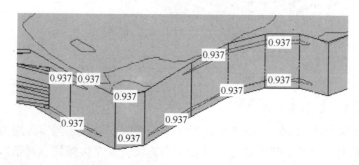

图 7 - 11　方案二回采结束顶板安全率分布

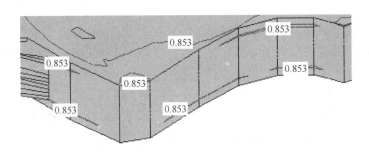

图 7-12　方案三回采结束顶板安全率分布

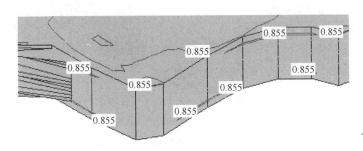

图 7-13　方案四回采结束顶板安全率分布

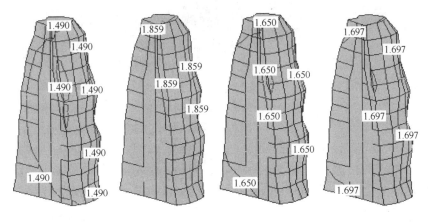

图 7-14　方案一～方案四回采结束保安矿柱安全率分布

何一种回采顺序均不能确保顶板红泥岩的稳定；而矿体回采后对保安矿柱的影响相对较小，四个回采方案中安全率最大的是方案二，为 1.859，最小的是方案一，为 1.49，也远远大于临界状态，说明回采过程中保安矿柱是比较稳定的，而顶板处于不稳定状态，所以从安全率角度分析，方案二是四个方案中相对较优的方案。

### 7.3.2.3　塑性区分布比较

在对模拟结果分析过程中,塑性区的分布比应力、位移和安全率等更能直观地反映出矿岩体开采后对周围围岩稳定性的影响,从回采顺序模拟结果(图7 - 15 和图7 - 16)可以看出,由于矿体上盘(顶板)是稳定性较差的红泥岩,无论采取哪种回采顺序,顶板塑性区域都比较明显,破坏比较严重,而开采对保安矿柱的影响相对较小,仅在靠近矿体处出现了零星的塑性区,所以说在不采取措施支护顶板的情况下,仅靠改变回采不足以保证顶板的安全。

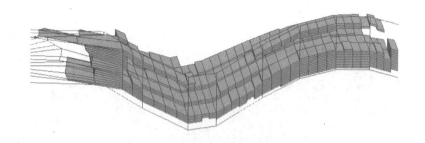

图 7 - 15　回采结束顶板塑性区分布

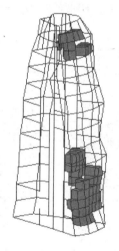

图 7 - 16　回采结束保安矿柱塑性区分布

综合以上应力、安全率、塑性区等的分析,单从四个方案回采顺序考虑,得出方案二是比较恰当的。

### 7.3.3　第二阶段回采顺序的确定

从第一阶段回采顺序的模拟中可以确定保安矿柱以北矿体由南向北回采是大

方向的回采方案，在此基础上进行以下各盘区之间回采顺序的模拟，并对各方案开采全过程进行分析和比较。

方案一：按照 3→2→1→6→5→4→9→8→7 的盘区顺序开采；

方案二：按照 3→6→9→2→5→8→1→4→7 的盘区顺序开采；

方案三：按照 3→2→6→1→5→9→4→8→7 的盘区顺序进行跳采。

### 7.3.4    第二阶段模拟结果分析

矿山开采系统是一个动态系统，前次开挖对以后各次开挖都有影响。因此，不同的回采方案反映出不同的加载路径和加载历史，其应力应变变化过程和最终结果也不同。为了全面地对沿走向的回采顺序进行优化研究，有必要对开采全过程的应力、安全率等的变化趋势进行分析。由于顶板最大主应力和顶板安全率是影响采场稳定性的重要因素，故将这两种力学指标的变化趋势列于图7-17和图7-18。

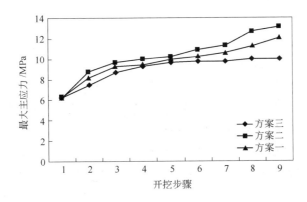

图7-17    不同方案各回采步骤顶板最大主应力变化曲线

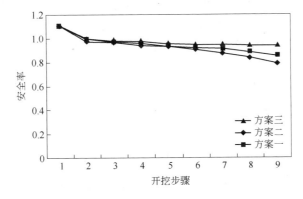

图7-18    不同方案各回采步骤顶板安全率变化曲线

　　从各方案回采步骤顶板最大主应力及安全率变化曲线可以看出，顶板主应力和安全率的变化规律大致相同，在开挖初期变化较快，后期趋于平稳，但不同回采方案的变化速度是不相同的，这说明回采工艺过程和回采顺序是影响采场稳定性的重要因素。对比三个方案顶板应力和安全率可以看出，方案三的稳定性最好。需要注意的是，由于对回采顺序的模拟研究是在无支护条件下进行，而顶板岩性较差，在无支护条件下顶板的极限暴露面积很小，因此在回采过程中安全率较小，顶板处于不稳定状态，这也正好说明了不管采取任何回采顺序，都要采取顶板支护措施。然而就在这一同等条件下，对回采顺序进行优化研究，判定哪种方案更有利于采场的稳定，这对于改善采场应力、应变状况，减少顶板支护量具有一定的工程意义。

　　通过上述对三种回采方案在开采末期和全过程的比较分析表明：方案三对矿体进行跳采的顺序较好，这主要是由于跳采与连续回采顶板的暴露面积不同，回采过程中将暴露面积划分为几个不连续的区域，因此，建议矿山在回采过程中采用跳采的方法对矿体进行回采。

## 7.4　结论

　　综合以上分析，可得到如下结论：

　　（1）采用三维有限元对矿体进行了多方案回采顺序的模拟，结果表明，三维有限元模拟比二维有限元更能反映模拟结果的真实情况，所得的结论对实际回采工作具有指导意义，能用模拟结果指导今后的采矿作业。

　　（2）矿体上盘为稳定性较差的红泥岩，本身自稳能力较差，回采顺序的模拟是在不支护的情况下进行，在同等条件下进行多方案回采顺序的模拟，分析结果表明，在对矿体进行回采时，从两端往保安矿柱方向退采是比较合理的。

　　（3）模拟在确定了整体回采顺序后，对各盘区间的回采顺序也进行了模拟分析，结果表明采用跳采方案进行回采对采场稳定性起到积极的作用。

　　（4）由于模拟方案及步骤较多，仅对保安矿柱以北矿体进行模拟分析，考虑到南部矿体规模较小，建议按照北部矿体的回采顺序进行回采。

# 8  采场顶板岩体失稳冒落机理研究

因顶板稳定性差，矿石不稳固～中等稳固，分段空场、崩落组合采矿法留
3.5～5m 厚的护顶矿层。阶段划分为分段自上而下逐个进行回采，分段回采时，
先形成5～6m 宽切割立槽，然后自凿岩上山钻垂直于矿体倾斜的扇形中深孔，
借助爆力抛掷到采场下部堑沟或普通漏斗，在空场或覆岩下放矿，在分段装矿巷
道用装岩机直接装上矿车，经分段运输巷道下放到溜井。由于矿石不稳到中稳，
上盘围岩不稳固，因此分段斜顶柱和护顶矿层将在放矿过程中或放矿结束后冒
落，如图8－1所示。

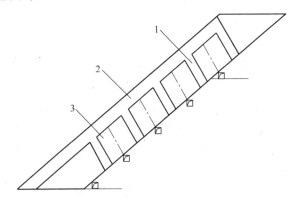

图8－1  分段空场、崩落采矿法剖面图
1—斜顶柱；2—护顶层；3—切割立槽

顶板的稳定性对于矿山地下开采有着非常重要的意义，合理确定采场顶板的
安全厚度，对保障矿山的安全生产、提高开采效益有重要的理论意义和实用价
值[65,66]。传统的工程类比法和力学解析法，由于存在着力学机制不能很好地反
映实际，考虑的因素单一片面或者不能全面反映采空区应力、应变分布及破坏的
状况而在应用上受到限制。随着计算机技术的发展，数值分析方法在采矿和岩土
工程中的应用日趋广泛[67～72]。

林杭等[73]提出了采空区安全顶板预测的厚度折减法，对某采空区进行顶板
安全厚度预测的研究。张耀平等[74]采用 FLAC[3D] 对龙桥铁矿空区形成过程及采空
区稳定性进行模拟计算和预测分析。赵延林等[75]建立基于突变理论的采空区重
叠顶板稳定性强度折减法，并用数值分析方法研究采空区顶板的稳定性。王新民

等[76]采用大型有限元分析软件 ANSYS 对柿竹园矿采场顶板的稳定性及其对采场围岩力学状态的影响进行数值模拟分析。叶加冕[77]应用大型三维非线性有限单元法程序，对改进型分段空场采矿法进行数值模拟分析，对切割槽形成后和矿房回采结束后的应力、安全率及塑性区分布进行了对比分析，根据模拟分析结果，确定了最优开采方案。国内外对采空区顶板厚度和顶板稳定性研究较多，然而，针对分段空场－崩落采矿法的护顶层和隔离矿柱稳定性的研究相对较少。

　　本章针对顶底板不稳、倾斜中厚的矿体赋存条件，采用沿顶板留一定厚度矿体作为护顶层、分段间留隔离矿柱的方法，运用三维有限元对试验采场顶板的稳定性进行数值模拟、分析，对回采过程中在护顶层和隔离矿柱保护下的采场稳定性及围岩力学状态进行研究，以掌握岩体失稳冒落机理，确定最优的采场结构参数。

## 8.1　数值计算流程

　　本书采用的 3D－σ 软件是日本软脑会社为岩土工程的应用而开发的三维连续介质有限单元法程序。该软件在国内外地下岩土工程领域都拥有大量的用户，特别是在日本的岩土工程领域，由于具有相当广泛的使用基础，从而使该软件业已成为该领域一个事实上的行业标准，并得到广大用户的好评。该软件是完全基于 Windows 平台开发的应用程序，主要模拟岩土工程结构在三维应力、应变条件下的力学行为。软件的主要功能如下：

　　（1）计算三维岩土工程问题。

　　（2）模拟分步开挖，并可考虑多种开挖因素影响。

　　（3）可考虑不同材料的本构关系（线弹性、弹塑性）和屈服准则。

　　（4）可以采用多种荷载输入方式，既可以在端点处以点荷载形式施加，也可以在补线上以线荷载或在面上以面荷载形式施加。

　　（5）使用能再现曲面并可确保高计算精度的 20 节点等参单元，单元类型包括固体单元、外壳单元、锚杆单元、梁单元等。

　　（6）采用改进反复法（PCCG 法），具有高运算速度和高运算精度。

　　（7）具有强大的前处理和后处理功能。将快速建模，网格的自动生成，分析结果的可视化及可操作性有机结合起来，实现了有限元分析的高度自动化。分析结果既可为各种形式的等值线图、色谱图等图形输出，也可输出各单元的应力、位移等数值。

　　因此，3D－σ 程序非常适合于采矿工程数值模拟分析，其数值计算流程如图 8－2 所示。

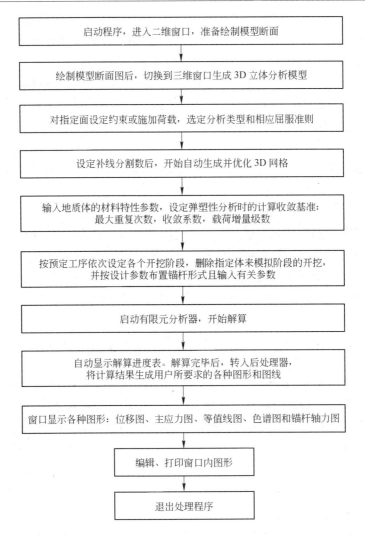

图 8-2 3D-σ 程序进行数值计算流程

## 8.2 模型的建立及计算方案

数值模拟的可靠性在一定程度上取决于所选择的计算模型，包括根据数值模拟的目的及矿山的实际情况进行的基本假说；采场结构和开挖步骤的简化；选择适当的计算域和计算模型的离散化处理；确定计算模型的边界约束条件；选取岩体力学参数及其破坏准则等问题。

### 8.2.1 基本假设

由于地下采矿的复杂性和不确定性，计算模型中不可能真实地充分反映和考虑矿山的地质条件和岩体结构条件，也不可能根据矿山的实际回采步骤逐层写真式地进行回采模拟。有时为了便于计算，对岩体介质和回采步骤还需作简化处理。

矿区工程地质条件比较复杂，岩体的类型比较多，形成了复杂的地质介质结构，为此对计算模型上的岩体介质需作适当的简化或归化，即将力学性质相近的岩体在计算模型上加以归并，以求在计算模型上获得比较简单的岩体介质组合。

在数值模拟过程中，不可能将影响采场稳定性的因素都面面俱到地考虑进去。因此，本次模拟作了一些必要的假定：

（1）视岩体为连续均质、各向同性的力学介质。

（2）忽略断层、节理、裂隙等不连续面对采场稳定性造成的影响。

（3）计算过程只对静荷载进行分析且不考虑岩体的流变效应。

（4）不考虑地下水、地震及爆破振动力对采场稳定性的影响。

（5）矿山的开拓巷道及采场的拉底、切割巷道等对采场围岩力学状态的影响只是局部的，在数值模拟中可以忽略。

（6）因矿体埋藏深度比较大，可忽略地表地形对采场围岩应力分布的影响。

根据矿区矿体及围岩的实际分布位置，建立三维实体模型，模型主要对400m 中段 13 线采场结构参数进行模拟研究，模拟过程遵循矿山开采实际情况，但考虑到模拟的复杂性，在建模过程中局部进行必要的简化以利于计算机模拟。

## 8.2.2　计算模型

### 8.2.2.1　计算域

计算域要取得适中，既保证计算工作的顺利进行，又要保证计算结果具有一定的精度。其中模型长×宽×高为 350m×400m×260m，即沿矿体走向取 350m（模型中 $z$ 方向），垂直矿体走向取 400m（$x$ 方向），沿垂直方向取 260m（$y$ 方向），共计 22550 个节点，98284 个 20 节点三维等参元单元；计算机单元网格划分、矿体形态模型分别如图 8-3 和图 8-4 所示。

### 8.2.2.2　边界约束

计算域边界采取位移约束。由于采动影响范围有限，在离采场较远处岩体位移值将很小，可将计算模型边界处位移视为零。因此，计算域边界采取位移约束，即模型底部所有节点采用 $x$、$y$、$z$ 三个方向约束，$xy$ 平面采用 $z$ 方向约束，$yz$ 平面采用 $x$ 方向约束。

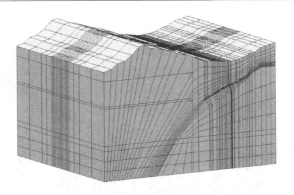

图 8 – 3    计算机模拟 P43 线采场单元网格划分示意图

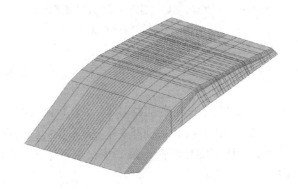

图 8 – 4    计算机模拟 P43 线矿体示意图

### 8.2.2.3    地应力设置

由于条件限制，矿山未进行过原岩应力实测，目前还不知道地应力水平分量的确切数值，这给有限元计算中初始条件确定带来了困难。矿床埋深较浅，而国内外工程实测结果表明，地应力在浅部变化较为复杂，一般水平应力较小。本次计算中，以垂直应力大于水平应力（$\lambda = 0.37$）为基本计算方案。

### 8.2.2.4    计算方案

针对需要解决的问题及现实中需要考虑的各种外界因素，对 400 中段 13 线采场进行了 4 种回采方案的模拟：

（1）方案一：留护顶矿层的有底部结构爆力运矿三分段空场（崩落）法（图 8 –5）。护顶矿层厚 5m，分段斜顶柱厚 3m。第一步：分析 6m 宽的切割立槽形成后，分段顶柱和护顶矿层的稳定性；第二步：分析矿房回采后，分段顶柱和护顶矿层的稳定性。

（2）方案二：留护顶矿层的有底部结构爆力运矿三分段空场（崩落）法。护顶矿层厚 3.5m，分段斜顶柱厚 3m。第一步：分析 4m 宽的切割立槽形成后，

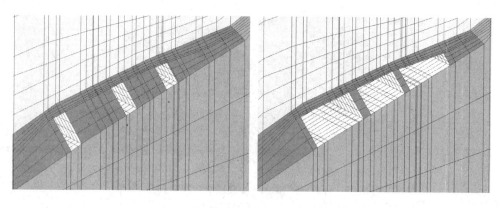

图 8 - 5　三分段空场（崩落）法切割槽形成后、
矿房回采后采场示意图

分段顶柱和护顶矿层的稳定性；第二步：分析矿房回采后，分段顶柱和护顶矿层
的稳定性。

（3）方案三：留护顶矿层的有底部结构爆力运搬四分段空场（崩落）法
（图 8 - 6）。护顶矿层厚 5m，分段斜顶柱厚 3m。第一步：分析 6m 宽的切割立槽
形成后，分段顶柱和护顶矿层的稳定性；第二步：分析矿房回采后，分段顶柱和
护顶矿层的稳定性。

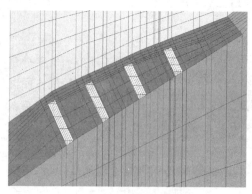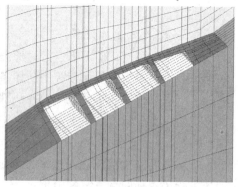

图 8 - 6　四分段空场（崩落）法切割槽形成后、
矿房回采后采场示意图

（4）方案四：留护顶矿层的有底部结构爆力运矿四分段空场（崩落）法。
护顶矿层厚 3.5m，分段斜顶柱厚 3m。第一步：分析 4m 宽的切割立槽形成后，
分段顶柱和护顶矿层的稳定性；第二步：分析矿房回采后，分段顶柱和护顶矿层

的稳定性。

#### 8.2.2.5 计算采用力学模型

在岩体破坏分析中，采用莫尔 - 库仑塑性破坏准则。此破坏准则是所有可能屈服面的内极限面，在工程上采用此屈服准则是偏于安全的。其力学模型为

$$\frac{\sigma_1 - \sigma_3}{2} = \frac{\sigma_1 + \sigma_3}{2}\sin\phi + C\cos\phi \qquad (8-1)$$

或

$$F = \sigma_1 - \sigma_3 \frac{1 + \sin\phi}{1 - \sin\phi} - 2C\sqrt{\frac{1 + \sin\phi}{1 - \sin\phi}} \qquad (8-2)$$

式中　$\sigma_1$, $\sigma_3$——分别为最大主应力和最小主应力；

　　　$C$, $\phi$——分别为材料黏聚力和内摩擦角；

　　　$F$——破坏判断系数。当 $F \geq 0$ 时，材料将发生剪切破坏。

材料在拉应力状态下，采用抗拉破坏强度准则。如果拉应力超过材料抗拉强度（$F \geq 0$），材料将发生抗拉破坏。其力学模型为

$$F = \sigma_t - R_t \qquad (8-3)$$

式中　$\sigma_t$——材料所受拉应力；

　　　$R_t$——材料抗拉强度。

#### 8.2.2.6 计算所采用力学参数

在本次计算过程所采用的矿岩体数据均通过大量的试算和经验折减，计算模拟中所采用的计算参数见表 7 - 1。

### 8.2.3 模拟结果分析

采用矿体的实际形态进行模拟，由于矿体的边界形态在局部比较复杂，在三维建模过程中进行了适当的简化。

#### 8.2.3.1 切割槽形成后四种回采方案数值模拟研究

##### A 应力分布比较

从所模拟的四种方案结果（图 8 - 7 ~ 图 8 - 10）可以看出，最大主应力主要出现在切割槽形成后顶板及开挖体拐角处，开采后四种方案中最大压应力相差不大，最大为方案四的 9.421MPa，最小为方案一的 7.009MPa；方案一切割槽形成后顶板有拉应力出现，最大为 0.839MPa，没有超过岩石本身的抗拉强度，不会引起顶板大的破坏，其余三个方案都没有拉应力出现，说明在切割槽形成后，顶板暴露面积相对较小，采后护顶层及分段顶柱是稳定的。

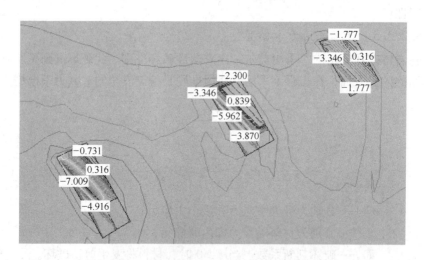

图 8-7　方案一切割槽形成后分段顶柱、护顶层主应力分布

注：1. "＋"表示应力为拉应力（图中未标出），表示位移为与坐标轴同向，如在采场底板表示
　　　 底板位移鼓出，顶板表示位移下沉，采场边壁表示位移向采空区移动。

　　 2. "－"表示应力为压应力，表示位移为与坐标轴反向。

　　 3. 图中无特别说明的，应力单位为 MPa，位移单位为 m。

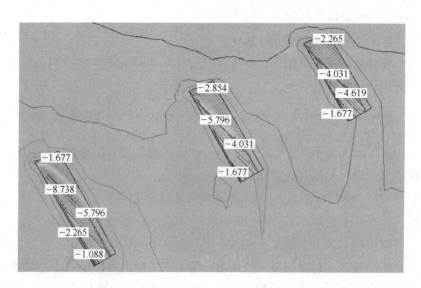

图 8-8　方案二切割槽形成后分段顶柱、护顶层主应力分布

## B　安全率分布比较

从数据模拟结果（图 8-11 ~ 图 8-14）可以看出，四个模拟方案中安全率

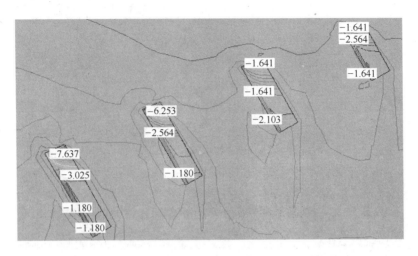

图 8 - 9　方案三切割槽形成后分段顶柱、护顶层主应力分布

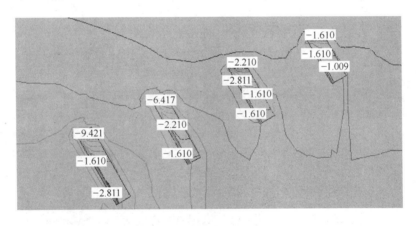

图 8 - 10　方案四切割槽形成后分段顶柱、护顶层主应力分布

最小为方案一的 1. 356，远远高于临界值 1，所以从安全率的分布看，四种方案在切割槽形成后分段顶柱和护顶层是稳定的。

C　塑性区分布比较

从模拟结果（图 8 - 15 ~ 图 8 - 18）可以看出，四种方案在切割槽形成后塑性区都比较少，只是在顶部及侧帮出现零星的塑性区，对矿体分段顶柱和护顶层稳定性没有较大影响。

综合以上采用应力、安全率、塑性区等方法对 400m 中段 13 线采场四种方案切割槽形成后分段顶柱、护顶层的稳定性分析，得出四种方案在切割槽形成后

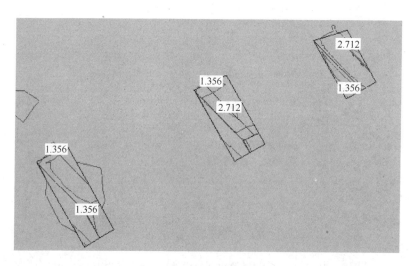

图 8 - 11　方案一切割槽形成后分段顶柱、护顶层安全率分布

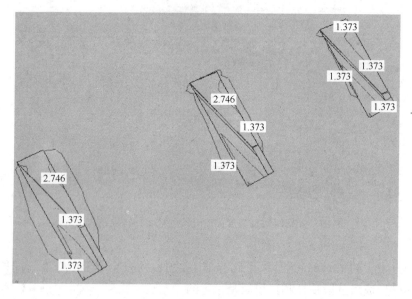

图 8 - 12　方案二切割槽形成后分段顶柱、护顶层安全率分布

分段顶柱、护顶层都处于稳定状态。

### 8.2.3.2　矿房回采结束后四种回采方案数值模拟研究

A　应力分布比较

从所模拟的两种方案结果（图 8 - 19 ~ 图 8 - 22）来看，由于矿房回采后顶

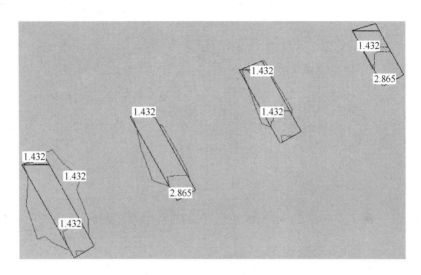

图 8 - 13　方案三切割槽形成后分段顶柱、护顶层安全率分布

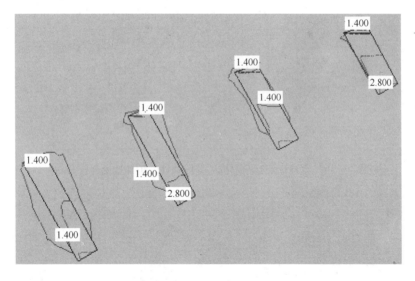

图 8 - 14　方案四切割槽形成后分段顶柱、护顶层安全率分布

板暴露面积增加，应力也发生较大变化，压应力最大为方案二的 18.33MPa，最小为方案三的 12.231MPa，由于暴露面积的增加，四种方案矿房回采结束后顶板都有拉应力出现，但数值较小，最大为 0.784MPa，最小为 0.189MPa，所以从应力变化来看，方案三压应力和拉应力值与回采矿房之前变化相对较小，是四个方案中相对安全性较好的方案。

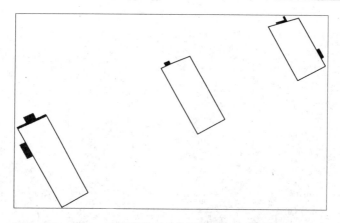

图 8 - 15　方案一切割槽形成后分段顶柱、护顶层塑性区分布

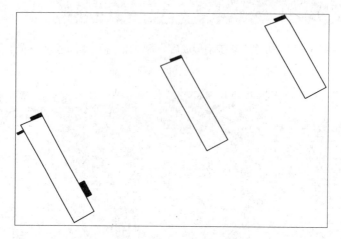

图 8 - 16　方案二切割槽形成后分段顶柱、护顶层塑性区分布

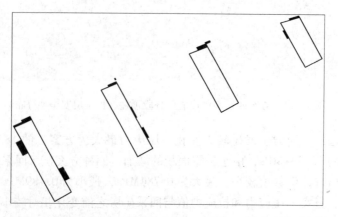

图 8 - 17　方案三切割槽形成后分段顶柱、护顶层塑性区分布

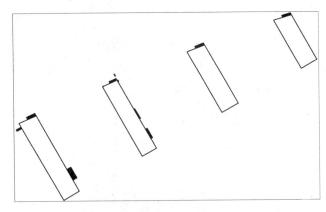

图 8-18　方案四切割槽形成后分段顶柱、护顶层塑性区分布

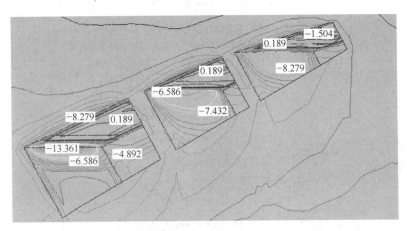

图 8-19　方案一矿房回采结束后分段顶柱、护顶层主应力分布

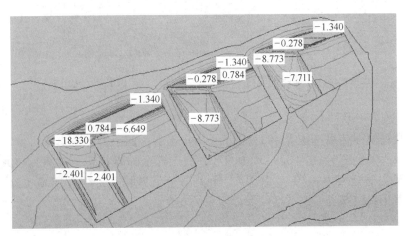

图 8-20　方案二矿房回采结束后分段顶柱、护顶层主应力分布

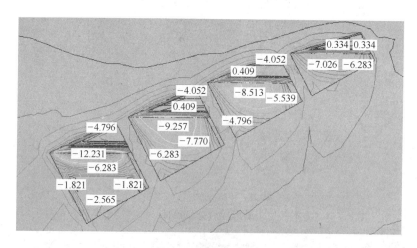

图 8 - 21    方案三矿房回采结束后分段顶柱、护顶层主应力分布

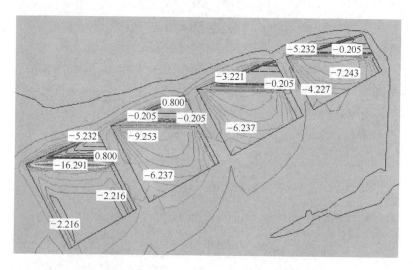

图 8 - 22    方案四矿房回采结束后分段顶柱、护顶层主应力分布

**B  安全率分布比较**

从数据模拟结果（图 8 - 23 ~ 图 8 - 26）来看，四个模拟方案中方案一、方案二的最小安全率分别为 0.973、0.971，低于安全临界状态，方案三、方案四的最小安全率分别为 1.018、1.017，稍稍高于临界状态，结合现场实际情况，方案三 1.018 的安全率也不足以保证回采的安全。

**C  塑性区分布比较**

从四个方案模拟结果（图 8 - 27 ~ 图 8 - 30）也可以看出，矿房回采结束

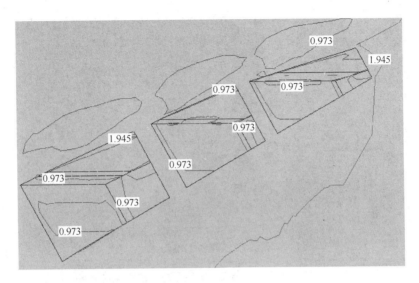

图 8 – 23　方案一矿房回采结束后分段顶柱、护顶层安全率分布

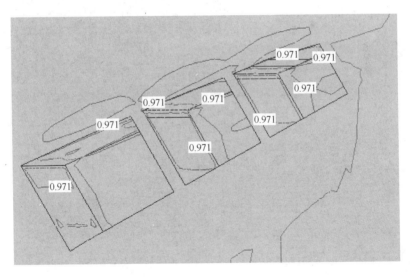

图 8 – 24　方案二矿房回采结束后分段顶柱、护顶层安全率分布

后，顶板暴露面积增大，分段顶柱、护顶层都出现较大的塑性区域，且塑性区连片现象较为严重，四个方案中方案三护顶层塑性区分布相对较少，这与四分段及护顶层厚度有一定的关系。所以从塑性区分布来看，四种方案都会导致空区顶板失稳冒落。

　　综合以上采用应力、安全率、塑性区等方法对 400m 中段，13 线采场结构参

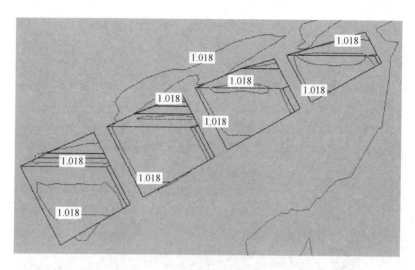

图 8 – 25　方案三矿房回采结束后分段顶柱、护顶层安全率分布

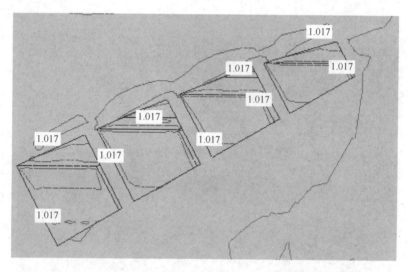

图 8 – 26　方案四矿房回采结束后分段顶柱、护顶层安全率分布

数进行的四种回采方案的分析，得出在回采矿房前，四种方案都是可行的，但随着矿房的回采，暴露面积的增加，加之现场围岩条件较差，四种开采方案都会导致空区顶板失稳冒落，相比之下，方案三在应力、安全率、塑性区的分布上都优于其他方案。

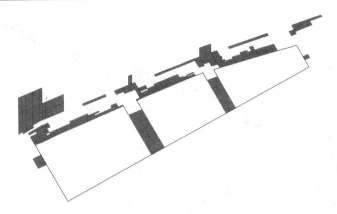

图 8 - 27 方案一矿房回采结束后分段顶柱、护顶层塑性区分布

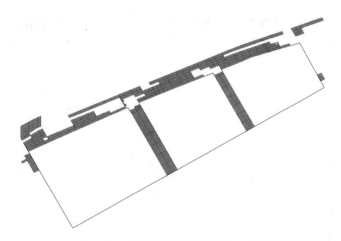

图 8 - 28 方案二矿房回采结束后分段顶柱、护顶层塑性区分布

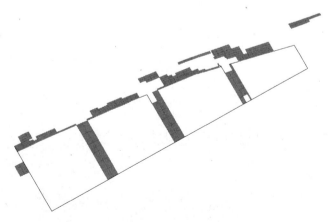

图 8 - 29 方案三矿房回采结束后分段顶柱、护顶层塑性区分布

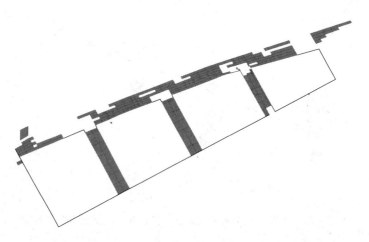

图 8 – 30　方案四矿房回采结束后分段顶柱、护顶层塑性区分布

# 9　岩体冒落规律及控制

随着采矿的进行，因顶板围岩滞后冒落形成的采空区达到一定的规模后，顶板围岩一旦失稳且发生大规模的突然冒落，冒落的岩体对其下的采场将产生巨大的动力冲击和冒落气浪，危及人员、设备安全。冒落的体积和顶板的落差越大，气浪的危害程度越大。

空区的冒落形式、冒落规模、冒落的危害和过程以及能否较快形成足够厚度的覆盖层，对矿山生产安全的影响很大，因此必须对采空区的冒落规律和控制方法进行深入研究分析。

## 9.1　采空区冒落过程

### 9.1.1　矿岩冒落形式

岩体中的构造特性及结构面特征是影响矿岩崩落的主要因素。节理与裂隙对岩体的破坏，主要取决于它们的密度、连续性及其空间组合。密集的节理，造成岩体极不连续，易于产生掉块与崩塌。构造的多少、空间分布情况及结构面的物理力学性质在很大程度上决定着岩体的稳固性及破坏模式。

围岩变形破坏的基本规律为：随着开采深度的增加，顶板暴露面积加大，在岩体自重和因开采而产生的次生应力场的共同作用下，将产生向空区自由面的弯曲变形并发生应力性质的改变。当暴露面积过大，顶板围岩所受的拉应力超过岩体的抗拉强度时，就会发生破坏、冒落。对于坚硬顶板来讲，其大面积冒落的机理有两个方面：一是拉断破坏；二是剪切破坏。从主动意义上讲，防治顶板大面积垮落的基本原理是减小悬顶面积和降低能量聚积。

矿体为块状结构，不稳固~中等稳固。在开采矿房时，将其跨度控制在7m以下，以保持矿房稳定性；崩落间柱时，空区跨度远超过其极限跨度，空区顶柱和上覆围岩可能失稳冒落。

上盘岩层为层状态碎裂结构，稳定性差。矿体、上盘围岩、下盘围岩节理裂隙平均间距分别为0.17m、0.196m、0.226m。矿岩体节理裂隙间距70%在10~30cm之间，属于节理较密集和较发育岩体。矿体和上盘近矿围岩没有断层等构造，以零星冒落形式为主。12勘探线以北，矿石较稳固，现场观测表明其冒落块度较大，可适当减小矿柱尺寸；12勘探线以南，矿体节理裂隙发育，冒落块度较小，有利于充分回收。

按"三带"理论计算矿体回采后，空区可能的冒落高度

$$h = \frac{H}{\rho - 1} \tag{9-1}$$

式中    $h$——冒落带最大高度，m；

$H$——矿体铅直回采厚度，取 $H = 27\text{m}$；

$\rho$——冒落矿岩平均松散系数，取 $\rho = 1.175$。

计算得 $h = 154\text{m}$，大于400m中段矿体距地表平均高度100m，因此冒落会到达地表。

### 9.1.2  采空区临界冒落面积分析

假定采空区上覆岩层垂直应力 $q$ 均匀分布，由此分析采空区的受力状态[35]，如图9-1所示。

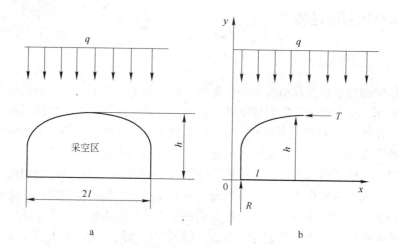

图9-1  平衡拱受力状态分析

根据力系平衡原理，可得

$$R - ql = 0$$
$$Th - \int_0^l xq\mathrm{d}x = 0$$

整理得

$$\left. \begin{array}{l} R = ql \\ T = \dfrac{ql^2}{2h} \end{array} \right\} \tag{9-2}$$

式中    $q$——垂直压力；

$$q = \gamma H$$

$\gamma$——上覆岩层容重，取 $\gamma = 2.8t/m^3$；

$H$——空区顶板埋深，取 $H = 115m$。

其他符号意义如图 9-1 所示。

拱脚支撑力 $R$，由于周围岩体约束条件较好，可由一定面积的岩柱承担，因此不容易引起采空区破坏；而拱顶表面压力 $T$，受围岩变形的几何约束条件决定，瞬时承载范围不会很大，因此比较容易造成空区破坏。由式（9-2）可见，$T$ 同跨度的平方成正比，$T$ 随采空区跨度的增大而迅速增大。当 $T$ 超过岩体的抗压强度时，造成顶板围岩破坏，引起采空区冒落。

研究表明，采空区的顶板冒落不仅取决于岩性、暴露面积，而且与顶板形状直接有关，空区为方形或圆形时，如形成四角拱两侧都超过极限平衡拱，所需的冒落面积较小；空区为长条矩形时所需冒落面积则较大，此时由于两侧窄，形成的应力平衡拱未超过极限平衡拱，构成应力平衡拱廊。为衡量采空区顶板的可崩性，便于定量研究分析，引入了等价圆的概念，即采空区顶板在多大面积下能够发生临界冒落和持续冒落。

为了计算采空区冒落的等价圆面积，将式（9-2）改写为

$$l^2 = \frac{2hT}{q} = \frac{2hT}{\gamma H} \tag{9-3}$$

则等价圆面积为

$$S = \pi l^2 = \pi \frac{2hT}{\gamma H} \tag{9-4}$$

矿体第一分段回采后采空区的高度 $h = 10m$，$\gamma = 2.64t/m^3$，取 $\gamma = 2.6t/m^3$，$H = 128m$，矿体及上盘岩石主要为：红泥岩 $T_1 = 2101t/m^3$，矿体 $T_2 = 5854t/m^3$。分别代入式（9-4），计算得

红泥岩　$S_1 = 390m^2$

矿体　　$S_2 = 1105m^2$

## 9.2　岩体失稳机理的数值模拟

数值模拟的开采模型大小以及单元划分的大小直接影响到模拟结果的精度。由于受计算机内存容量的限制，模型不能过大，单元格不能太密。为了保证精度，通常情况下，取开挖范围的 3~4 倍。根据优选的几种采场结构参数，建立 FLAC$^{3D}$ 有限差分几何模型，研究模型的尺寸为 $120m \times 110m \times 70m$。矿体开采前的有限差分几何模型如图 9-2 所示，几何模型的单元数（zones）为 616200，节点数（grid-points）为 639810。在模型的 $xx$、$yy$ 方向的边界限制水平位移，在模型的底部限制垂直位移，模型的上部边界施加相应的垂直荷载。模型设置为大变形。

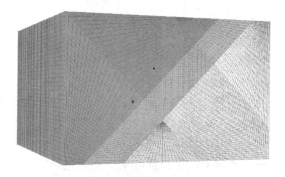

图 9 - 2   矿房开挖前有限差分网格模型

## 9.2.1   数值模拟结果分析

模拟矿体倾角为 40°，矿体走向沿 $yy$ 轴方向。$zz$ 方向的应力位移方向与采场护顶层夹角为 40°，与斜顶柱走向垂直，因此 $zz$ 方向的压应力及位移变化量对采场上盘护顶层和斜顶柱稳定性影响很大。而且，护顶层和斜顶柱所受最小主应力往往表现为拉应力，是影响矿体护顶层和斜顶柱稳定性的主要因素。$xx$ 方向的应力及位移变化与采场护顶层呈 40° 斜交，与斜顶柱纵轴垂直，因而 $xx$ 方向的压应力及位移变化对斜顶柱的稳定性影响很大；$yy$ 方向的应力及位移变化与矿体走向一致，与采场斜顶柱纵轴恰好垂直，与护顶层平面平行，因而 $yy$ 方向作用在斜顶柱上的应力往往表现为拉应力。采场任何部位出现的拉应力及拉应变均对采场的稳定性会造成很大的影响，是不可忽视应力应变状态。

## 9.2.2   一步回采模拟结果

回采一步矿房走向方向中央正交截面上的应力位移及塑性区分布数值分析模拟结果如图 9 - 3 ~ 图 9 - 9 所示。

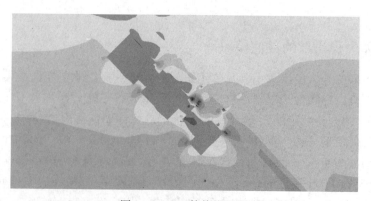

图 9 - 3   $\sigma_{max}$ 等值线云图

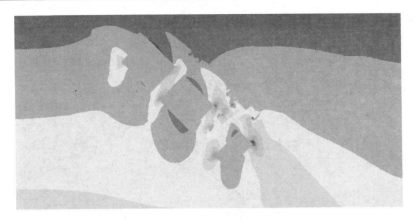

图 9-4 $\sigma_{\min}$ 等值线云图

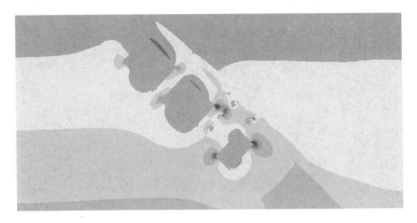

图 9-5 $\sigma_{xx}$ 等值线云图

图 9-6 $\sigma_{yy}$ 等值线云图

图 9 – 7　$\sigma_{zz}$ 等值线云图

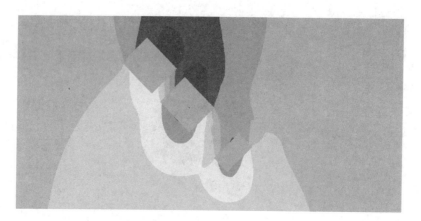

图 9 – 8　$\varepsilon_{zz}$ 等值线云图

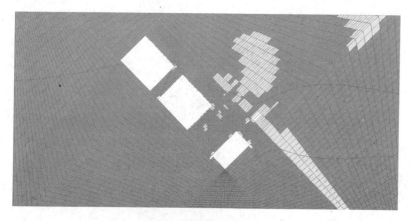

图 9 – 9　塑性区分布

数值分析结果表明：

（1）图9-3所示为开挖一步矿房走向方向中央正交截面上的最大主应力 $\sigma_{max}$ 等值线云图。回采一步后采场上盘及下盘均出现应力集中现象，最大压应力为 $\sigma_{max} = -1.4993 \sim -1.4\text{MPa}$；在采场护顶层、上盘及二步开挖矿体拉应力集中区拉应力 $\sigma_{max} = 0.4 \sim 0.45946\text{MPa}$。

（2）图9-4所示为开挖一步矿房走向方向中央正交截面上的最小主应力 $\sigma_{min}$ 等值线云图。由图9-4可以看出，在采场顶底板边角处出现压应力集中区，应力集中区最小主应力 $\sigma_{min} = -4.6666 \sim -4.5\text{MPa}$。

（3）图9-5所示为开挖一步矿房走向方向中央正交截面上 $\sigma_{xx}$ 等值线云图。采场上下盘边角处出现应力集中区，应力范围为 $\sigma_{xx} = -1.5697 \sim -1.4\text{MPa}$。

（4）图9-6所示为开挖一步矿房走向方向中央正交截面上 $\sigma_{yy}$ 等值线云图。由图9-6可知，在采场上下盘边角处有应力集中区，其应力范围为 $\sigma_{yy} = -2.2323 \sim -2.0\text{MPa}$；在矿体采空区顶板有大面积的拉应力区，其拉应力为 $\sigma_{yy} = 0.0 \sim 0.5\text{MPa}$，由于此拉应力区域在采空区上方，只会对采空区的稳定性造成影响，不会对回采矿房的稳定性造成影响；在护顶层和上盘泥岩交接处有一小块区域产生拉应力集中，其范围为 $\sigma_{yy} = 0.5 \sim 0.88874\text{MPa}$，接近矿体的极限抗拉强度对顶板护顶层稳定性产生影响。

（5）图9-7所示为开挖一步矿房走向方向中央正交截面上 $\sigma_{zz}$ 等值线云图。在采场上下盘边角处有应力集中区，而且在 $zz$ 方向的应力较大，其应力范围为 $\sigma_{zz} = -4.6998 \sim -4.5\text{MPa}$。在410m分段采空区上盘护顶层有拉应力产生，其拉应力为 $\sigma_{zz} = 0.0 \sim 0.12805\text{MPa}$，不会对下分段矿石回采构成影响。

（6）图9-8所示为开挖一步矿房走向方向中央正交截面上 $\varepsilon_{zz}$ 等值线云图。由图9-8可知，一步矿房上盘垂直沉降 $\varepsilon_{zz} = -3.6241 \sim -3.0\text{mm}$；下盘鼓起 $\varepsilon_{zz} = 3.0 \sim 3.0378\text{mm}$。

（7）图9-9所示为开挖一步矿房走向方向中央正交截面上塑性区分布图。由图9-9可知，在矿房的顶板以及矿体上盘主要发生剪切，在矿房边角处也是产生剪切。

从矿房走向方向中央正交截面上的应力、位移、塑性区分布来看，回采一步时，一步矿房护顶层主要产生拉应力集中现象，其最大拉应力为0.88874MPa，矿体的抗拉强度为1.2MPa，拉应力达到矿体抗拉强度的74.06%，一般情况下，护顶层长时间暴露，矿房护顶层会发生冒落；在矿房底板和护顶层接触的角点处产生应力集中，且压应力最大值为矿房所受到的最大压应力，其压应力为4.67MPa。从塑性区及应力集中区可以看出，回采空间的对角处出现很小范围的剪切破坏，在待回采的二步矿房界面局部也产生应力集中。

### 9.2.3　二步回采模拟结果

回采二步矿房走向方向中央正交截面上的应力位移及塑性区分布数值分析模拟结果如图 9 – 10 ~ 图 9 – 16 所示。

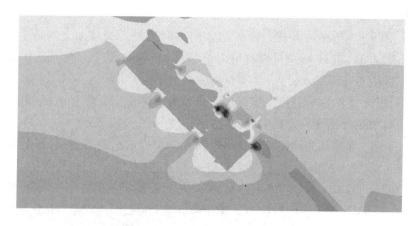

图 9 – 10　$\sigma_{max}$ 等值线云图

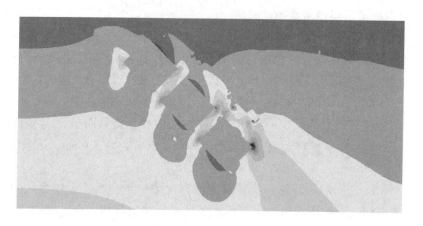

图 9 – 11　$\sigma_{min}$ 等值线云图

二步回采数值分析结果分析：

（1）图 9 – 10 所示为回采二步后矿房走向方向中央正交截面上最大主应力 $\sigma_{max}$ 等值线云图。采场上盘护顶层及斜顶柱拉应力集中现象加强 $\sigma_{max}$ 由 0.4 ~ 0.45946MPa 增加到 0.4 ~ 0.47612MPa。

（2）图 9 – 11 所示为开挖二步矿房走向方向中央正交截面上最小主应力 $\sigma_{min}$ 等值线云图。采场内回采面靠上盘边角处出现非常明显的应力集中区，应力集中

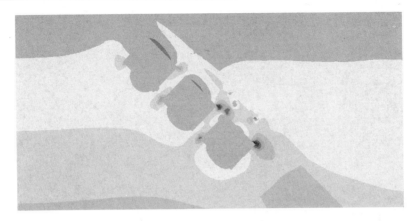

图 9 – 12 $\sigma_{xx}$ 等值线云图

图 9 – 13 $\sigma_{yy}$ 等值线云图

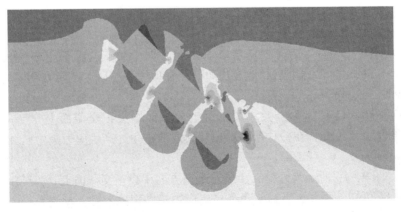

图 9 – 14 $\sigma_{zz}$ 等值线云图

图 9 - 15　$\varepsilon_{zz}$ 等值线云图

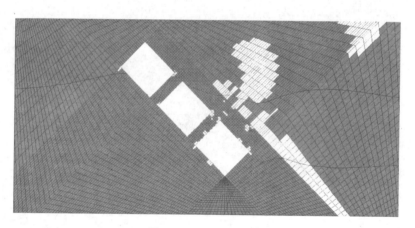

图 9 - 16　塑性区分布

区最大主应力由一步开挖最小最应力 $\sigma_{\min}$ = - 4.6666 ~ - 4.5MPa 增大到二步开挖后的 $\sigma_{\min}$ = - 4.831 ~ - 4.5MPa。

（3）图 9 - 12 所示为开挖二步矿房走向方向中央正交截面上 $\sigma_{xx}$ 等值线云图。在 $xx$ 方向上，矿房上盘和地板边角处存在应力集中区，其应力范围为 $\sigma_{xx}$ = - 1.5499 ~ - 1.4MPa。

（4）图 9 - 13 所示为开挖二步矿房走向方向中央正交截面上 $\sigma_{yy}$ 等值线云图。由图 9 - 13 可知，在护顶层与斜顶柱形成的边角处产生应力集中区域，其应力大小范围为 $\sigma_{yy}$ = - 2.2631 ~ - 2.0MPa。

（5）图 9 - 14 所示为开挖二步矿房走向方向中央正交截面上 $\sigma_{zz}$ 等值线云图。由图 9 - 14 可知，采场上下盘对角处产生应力集中现象，且上盘应力集中区应力较大，其应力范围为 $\sigma_{zz}$ = - 4.1963 ~ - 4.0MPa。

（6）图 9 - 15 所示为开挖二步矿房走向方向中央正交截面上竖直方向上的

位移 $\varepsilon_{zz}$ 等值线云图。矿房上盘及护顶层发生沉降，其最大位移变化值为 $\varepsilon_{zz} =$ $-3.648 \sim -3.0$mm，矿房底板鼓起最大位移 $\varepsilon_{zz} = 4.0 \sim 4.096$mm。

　　（7）图 9 - 16 所示为开挖二步矿房走向方向中央正交截面上塑性区分布图。由图 9 - 16 可知，在矿房的顶板以及矿体上盘主要发生剪切，在矿房边角处也产生剪切。

　　从开挖二步矿房走向方向中央正交截面上的应力位移及塑性区分布来看，回采二步后采场应力集中不但进一步加强，而且矿房护顶层上产生的拉应力增大，为 0.90443MPa，而接近上盘岩石的矿体强度较低，顶板回失稳冒落。

# 参 考 文 献

[1] 任建平, 阳雨平, 邓良, 等. 国内外倾斜中厚矿体的开采现状和发展趋势 [J]. 现代矿业, 2009, 6: 1~4.

[2] ZHANG S, TONG G. Influence of irregular boundary weakening on the block caving process [J]. International Journal of Rock Mechanics and Mining Sciences and Geomechanics Abstracts, 1995, 32 (2): 135~142.

[3] XIE H P, CHEN Z G, WANG J C. Three-dimensional numerical analysis of deformation and failure during top coal caving [J]. International Journal of Rock Mechanics and Mining Sciences and Geomechanics Abstracts, 1999, 36 (5): 651~658.

[4] GIACOMINI A, BUZZI O, RENARD B, et al. Experimental studies on fragmentation of rock falls on impact with rock surfaces [J]. International Journal of Rock Mechanics & Mining Sciences, 2009, 46: 708~715.

[5] WANG C, TANNANT D D, LILLY P A. Numerical analysis of the stability of heavily jointed rock slopes using PFC$^{2D}$ [J]. International Journal of Rock Mechanics & Mining Sciences, 2003, 40: 415~424.

[6] KOZǏ USǏ nÕÃKOVaΛA, Marecǐ kovak. Analysis of rock failure after triaxial testing [J]. International Journal of Rock Mechanics and Mining Sciences, 1999, 36: 243~251.

[7] MIAO S J, LAI X P, ZHAO X G, et al. Simulation experiment of AE-based localization damage and deformation characteristic on covering rock in mined-out area [J]. International Journal of Minerals, Metallurgy and Materials, 2009, 16 (3): 255.

[8] YANG S Q, JIANG Y Z, XU W Y, et al. Experimental investigation on strength and failure behavior of pre-cracked marble under conventional triaxial compression [J]. International Journal of Solids and Structures, 2008, 45: 4796~4819.

[9] SHENB, KING A, GUO H. Displacement, stress and seismicity in roadway roofs during mining-induced failure [J]. International Journal of Rock Mechanics & Mining Sciences, 2008, 45: 672~688.

[10] 邓宗才, 卢云斌, 李宗利, 等. 混凝土复合型裂缝最大拉应变断裂准则 [J]. 西北农业大学学报, 1999, 27 (1): 43~46.

[11] 赵延林, 万文, 王卫军, 等. 类岩石裂纹压剪流变断裂与亚临界扩展实验及破坏机制 [J]. 岩土工程学报, 2012, 34 (6): 1050~1059.

[12] 谢其泰, 郭俊志, 王建力, 等. 单轴压缩下含倾斜单裂纹砂岩试件裂纹扩展量测研究 [J]. 岩土力学, 2011, 32 (10): 2917~2921, 2928.

[13] 任利, 朱哲明, 谢凌志, 等. 复合型裂纹断裂的新准则 [J]. 固体力学学报, 2013, 34 (1): 31~37.

[14] 蔡永昌, 朱合华. 裂纹扩展过程模拟的无网格 MSLS 方法 [J]. 工程力学, 2010, 27 (7): 21~26.

[15] 周家文, 徐卫亚, 石崇. 基于破坏准则的岩石压剪断裂判据研究 [J]. 岩石力学与工

程学报，2007（6）：1194～1199.

[16] 姜耀东，赵毅鑫，何满潮，等. 冲击地压机制的细观实验研究 [J]. 岩石力学与工程学报，2007，26（5）：901～907.

[17] 来兴平. 基于 AE 的煤岩破裂与动态失稳特征实验及综合分析 [J]. 西安科技大学学报，2006（9）：289～292.

[18] 张后全，贺永年，韩立军，等. 岩石破裂过程微裂纹演化规律有限元统计分析 [J]. 中国矿业大学学报，2007，36（2）：166～171.

[19] 刘文岗，姜耀东，周宏伟，等. 冲击倾向性煤体的细观特征与裂纹失稳的试验研究 [J]. 湖南科技大学学报（自然科学版），2006，21（4）：14～18.

[20] 任奋华，蔡美峰，来兴平. 河下开采覆岩破坏规律物理模拟研究 [J]. 中国矿业，2008，17（2）：51～54.

[21] 黄炳香，刘长友，程庆迎，等. 基于瓦斯抽放的顶板冒落规律模拟试验研究 [J]. 岩石力学与工程学报，2006，25（11）：2200～2207.

[22] DONNELLY L, BELL F, CULSHAW M. Some positive and negative aspects of mine abandonment and their implications on infrastructure [J]. Lecture Notes in Earth Science, 2004, 104: 719～726.

[23] JING L. A review of techniques, advances and outstanding issues in numerical modelling for rock mechanics and rock engineering [J]. International Journal of Rock Mechanics & Mining Sciences, 2003, 40: 283～353.

[24] FAIRHURST C. Stress estimation in rock: a brief history and review [J]. International Journal of Rock Mechanics & Mining Sciences, 2003, 40: 957～973.

[25] JINGA L, HUDSON J A. Numerical methods in rock mechanics [J]. International Journal of Rock Mechanics & Mining Sciences, 2002, 39: 409～427.

[26] CAI M F, HAO S H, JI H G. Regularity and prediction of ground pressure in Haigou Gold Mine [J]. Journal of University of Science and Technology Beijing, 2008, 15（5）: 521.

[27] YUAN R J, LI Y H. Theoretical and experimental analysis on the mechanism of the Kaiser effect of acoustic emission in brittle rocks [J]. Journal of University of Science and Technology Beijing, 2008, 15（1）: 1.

[28] YU X B, XIE Q, Li X Y, et al. Acoustic emission of rocks under direct tension, brazilian and uniaxial compression [J]. Yanshi Lixue Yu Gongcheng Xuebao, 2007（2）: 137～142.

[29] 朱万成，左宇军，尚世明. 动态扰动触发深部巷道发生失稳破裂的数值模拟 [J]. 岩石力学与工程学报，2007，26（5）：915～921.

[30] 陈忠辉，谭国焕，杨文柱. 不同围压作用下岩石损伤破坏的数值模拟 [J]. 岩土工程学报，2001，9：576～580.

[31] 方恩权，蔡永昌，朱合华. 单轴压缩岩石不同边界裂纹扩展数值模拟研究 [J]. 地下空间与工程学报，2009，5（1）：100～104.

[32] 黄明利. 非均匀岩石裂纹扩展机制的数值分析 [J]. 青岛理工大学学报，2006，27（4）：34～37.

[33] 叶加冕，蒋京名，王李管，等. 采场结构参数优化的数值模拟研究 [J]. 中国矿业，2010, 19 (3): 61~65.

[34] 周科平，高峰，胡建华. 顶板诱导崩落预裂钻孔裂隙发育监测与分析 [J]. 岩石力学与工程学报，2007 (5): 1034~1040.

[35] 任凤玉，韩智勇，赵恩平，等. 诱导冒落技术及其在北洺河铁矿的应用 [J]. 矿业研究与开发，2007, 27 (1): 17~19.

[36] 王新民，赵彬，张钦礼. 采场顶板冒落机理及控顶技术探讨 [J]. 中国矿业，2007, 16 (1): 65~68.

[37] 高谦，杨志强，杨志法. 地下大跨度采场围岩突变失稳风险预测 [J]. 岩土工程学报，2000, 22 (5): 523~527.

[38] 赵文. 地下巨型采空区顶板岩石的破坏与冒落 [J]. 辽宁工程技术大学学报（自然科学版），2001, 20 (4): 507~509.

[39] 王永清，伍佑伦. 崩落法回采时顶板岩层崩落过程监测与分析 [J]. 金属矿山，2006 (11): 17~19.

[40] 高峰，周科平，胡建华. 顶板诱导致裂的数字探测及其分形特征研究 [J]. 岩土工程学报，2008, 30 (12): 1894~1899.

[41] 刘兴国. 放矿理论基础 [M]. 北京: 冶金工业出版社，1995.

[42] 乔登攀，李文增，张丹，等. 放矿理论研究现状存在问题及发展方向 [J]. 中国矿业，2003, 13 (10): 19~24.

[43] LITWINISZYN J. Application of equation of stochastic processes to mechanics of loose bodies [J]. Arch. Mesh. Stos, 1956 (8): 393~411.

[44] 王泳嘉，吕爱钟. 放矿的随机介质理论 [J]. 中国矿业，1993 (2): 53~58.

[45] 任凤玉. 随机介质放矿理论及其应用 [M]. 北京: 冶金工业出版社，1994.

[46] 石永礼，张仁坤. 堑沟放矿在倾斜矿体中的应用 [J]. 化工矿物与加工，2004, 12: 35~36.

[47] 周宗红，任凤玉，王文潇，等. 后和睦山铁矿倾斜破碎矿体高效开采方案研究 [J]. 中国矿业，2006 (3): 47~50.

[48] 杨德诠，韦松. 氧化矿、硫化矿重叠的倾斜厚矿体采矿方法探讨 [J]. 锡业科技，2002 (5): 54~60.

[49] 顿斯克缓倾斜和倾斜铬铁矿床地下开采工艺 [J]. 世界采矿快报，1998, 14(3): 16~18.

[50] 邓海珠. 分段崩落采矿法在中厚倾斜矿体开采中的应用 [J]. 江西铜业工程，1994 (2): 1~8.

[51] 罗建华，胡国斌. 分段空场法在狮子山铜矿深部厚大矿体开采中的应用 [J]. 矿业研究与开发，1998 (10): 11~13, 30.

[52] 余斌. 爆力运矿采矿方法研究与发展 [J]. 山东冶金，1999 (8): 34~36.

[53] 张强. 超前切顶爆力运矿分段采矿法的实践 [J]. 四川金属，1996 (2): 22~26.

[54] 罗会良. 空场、崩落联合采矿法在桃矿的应用 [J]. 湖南有色金属，2001 (7): 4~6.

[55] 李学锋, 段希祥, 李壮阔. 凡口铅锌矿深部倾斜中厚矿体采矿方法优化选择 [J]. 昆明理工大学学报（理工版）, 2003 (12): 1~2.

[56] 谢哲夫, 周罗中. 倾斜多变难采矿体的盘区机械化高效采矿技术 [J]. 黄金, 2004 (6): 24~27.

[57] 唐礼忠, 陈顺良. 倾斜矿体上向分层充填采场稳定性边界元分析 [J]. 中南工业大学学报, 1996 (8): 401~404.

[58] 王家齐, 施永禄. 空场采矿法 [M]. 北京: 冶金工业出版社, 1988.

[59] 侯克鹏. 矿山地压控制理论与实践 [M]. 昆明: 云南科技出版社, 2004.

[60] 周爱民. 矿山废料胶结充填 [M]. 北京: 冶金工业出版社, 2007.

[61] 徐树岚, 苏家宏. 充填采矿法 [M]. 1999.

[62] 孙恒虎, 黄玉诚, 杨宝贵. 当代胶结充填技术 [M]. 北京: 冶金工业出版社, 2002.

[63] 谢成彬. 上下盘均不稳固缓倾斜中厚矿体采矿方法研究 [J]. 中国矿山工程, 2011, 40 (2): 3~5, 21.

[64] 李地元, 李夕兵, 赵国彦. 露天开采下地下采空区顶板安全厚度的确定 [J]. 露天采矿技术, 2005 (5): 17~20.

[65] 赵兴东. 谦比希矿深部开采隔离矿柱稳定性分析 [J]. 岩石力学与工程学报, 2010, 29 (增1): 2616~2622.

[66] 王树仁, 贾会会, 武崇福. 动荷载作用下采空区顶板安全厚度确定方法及其工程应用 [J]. 煤炭学报, 2010, 35 (8): 1263~1268.

[67] 谢东海, 冯涛, 袁坚, 等. 采矿方法与地表沉陷预测 [J]. 采矿与安全工程学报, 2007, 24 (4): 469~472.

[68] 杨宇江, 庄文广, 王照亚, 等. 基于强度折减法的地下采场稳定性分析 [J]. 东北大学学报（自然科学版）, 2011, 32 (6): 864~867.

[69] 王新民, 李洁慧, 张钦礼, 等. 基于 FAHP 的采场结构参数优化研究 [J]. 中国矿业大学学报, 2010, 39 (2): 163~168.

[70] JAISWAL A, SHRIVASTVA B K. Numerical simulation of coal pillar strength [J]. International Journal of Rock Mechanics & Mining Sciences, 2009, 46: 779~788.

[71] CHENG Y M, WANG J A, XIE G X, et al. Three-dimensional analysis of coal barrier pillars in tailgate area adjacent to the fully mechanized top caving mining face [J]. International Journal of Rock Mechanics & Mining Sciences, 2010, 47: 1372~1383.

[72] HU G Z, WANG H T, LI X H, et al. Numerical simulation of protection range in exploiting the upper protective layer with a bow pseudo-incline technique [J]. Mining Science and Technology, 2009, 19: 58~64.

[73] 林杭, 曹平, 李江腾, 等. 采空区临界安全顶板预测的厚度折减法 [J]. 煤炭学报, 2009, 34 (1): 53~57.

[74] 张耀平, 曹平, 袁海平, 等. 复杂采空区稳定性数值模拟分析 [J]. 采矿与安全工程学报, 2010, 27 (2): 233~238.

[75] 赵延林, 王卫军, 赵伏军, 等. 多层采空区隔离顶板安全性强度折减法 [J]. 煤炭学

报，2010，35（8）：1257～1262.

［76］王新民，王长军，张钦礼，等．基于 ANSYS 程序下的采场稳定性分析［J］．金属矿山，2008（8）：17～20，25.

［77］叶加冕．基于 3D－σ 的改进型分段空场法采场结构优化［J］．矿业研究与开发，2012，32（4）：1～4，42.